ISSN 0021-1915

16. JAHRGANG · SEITEN 185—212 · BERLIN JUNI 1980

IPRAX 16 16 (6) 185–212 (1980) 32036

6

isotopenpraxis

EVP 9,– M

AKADEMIE-VERLAG

An unsere Autoren

Die Zeitschrift veröffentlicht Beiträge zu folgenden Themen: Kontrolle und Analyse radioaktiver und stabiler Isotope, Anwendung radioaktiver und stabiler Isotope in allen Gebieten der Forschung und Technik, der Industrie, Landwirtschaft und Medizin, Herstellung radioaktiver und stabiler Isotope sowie von markierten Verbindungen, kernelektronische Geräte für die Isotopenanwendung (Dickenmesser, Dichtemesser u. ä.) Detektoren für isotopentechnische Arbeiten und den Strahlenschutz in Isotopenlaboratorien, Meßtechnik und Strahlenschutz, Dosimetrie in Isotopenlaboratorien, kerntechnische Geräte für die Isotopenanwendung (Beton, Bestrahlungsanlagen u. ä.), Strahlenchemie, Radiochemie, ökonomische und perspektivische Fragen, Fragen der Weiterbildung.

1. Aufnahme von Manuskripten

Zur Veröffentlichung angenommen werden nur druckreife, noch nicht anderweitig publizierte Beiträge in deutscher, englischer oder russischer Sprache zum Themenbereich der Zeitschrift und zwar

Originalarbeiten
Kurze Originalmitteilungen
Aus der Praxis
Zusammenfassende Berichte
Tagungsberichte
Informationen.

Sind der Beitrag oder Teile daraus bereits veröffentlicht oder ist eine anderweitige Veröffentlichung vorgesehen, so muß dies der Redaktion mit genauer Angabe der Zweitveröffentlichung mitgeteilt werden. Mit der Annahme des Manuskriptes behält sich der Verlag das Recht der Vervielfältigung, Verbreitung und Übersetzung innerhalb der gesetzlichen Schutzfrist vor. Auszugsweiser Nachdruck oder photomechanische u. a. Wiedergabe sind an eine schriftliche Genehmigung des Verlages gebunden. Manuskripte, Zeichnungen und Photos von veröffentlichten Arbeiten werden nur auf den besonderen und bis zum Zeitpunkt der Veröffentlichung mitgeteilten Wunsch des Autors zurückgesandt.

Bei der unverlangten Einreichung von Manuskripten wird empfohlen, eine Befürwortung eines der Herausgeber oder Redaktionsausschußmitglieder beizufügen.

Manuskripte sind einzureichen bei der Redaktion, DDR-1080 Berlin, Leipziger Str. 3–4.

2. Form der Manuskripte

Die Autoren werden gebeten:

2 Manuskripte, eines davon in Original-Maschinenschrift, einseitig und mit 2zeiligem Abstand einzureichen; gut leserliche Photokopien sind zulässig; auf dem 1. Blatt (unter Weglassung der Bezeichnung)

den Titel der Arbeit
Vorname-Initialen und Namen sämtlicher Autoren
gegebenenfalls die Institution, in der sie tätig sind
eine kurze Zusammenfassung der Arbeit von höchstens 15 Zeilen
Keywords in alphabetischer Reihenfolge und
als Fußnote die Anschrift der Institution anzugeben;

wenn möglich auf gesonderten Blättern Namen, Titel der Arbeit und Zusammenfassung in den beiden anderen obengenannten Sprachen 2fach beizufügen;

Literaturhinweise (fortlaufend numeriert), Fußnoten, Tabellen, Abbildungen (in etwa 2facher Veröffentlichungsgröße), Abbildungsunterschriften (getrennt von den Abbildungen, mit Zeichenerklärungen, Quellenangaben, falls erforderlich, und gegebenenfalls mit einem Vermerk für besondere Wünsche bezüglich der Abbildungsgröße), private und Dienstanschrift der Verfasser mit akademischen Titeln und ausgeschriebenen Vornamen auf besonderen Blättern ans Ende des Manuskriptes zu stellen;

Wünsche für den Kolumnentitel (Seitenüberschrift) bekanntzugeben;

Absätze durch Einzüge von mindestens 3 Anschlägen kenntlich zu machen;

die Maßeinheiten des SI-Systems ("Systéme International") zu verwenden;

Korrekturen im Manuskript unmittelbar an der zu korrigierenden Stelle anzubringen;

Formeln deutlich lesbar und möglichst groß einzutragen;

Farbabbildungen und nachträgliche Änderungen oder Ergänzungen in Abbildungen zu vermeiden;

hervorzuhebende Textstellen zu unterstreichen, und zwar halbfetten Satz mit einer geraden schwarzen Linie, kursiven Satz (Schrägschrift) mit einer blauen Wellenlinie (alle Eigennamen). Sperrungen gestrichelt;

besondere Buchstaben durch farbige Unterstreichung zu kennzeichnen, und zwar Formelzeichen in

Griechisch-Kursiv ($\alpha, \beta, \ldots$) rot,
Kursiv ($A, B, \ldots$) blau
halbfetter Kursiv ($\boldsymbol{A}, \boldsymbol{B}, \ldots$) 2 Linien blau (Vektoren),
halbfetter Grotesk (**A, B, ...**) 2 Linien violett (Tensoren);

bei Literaturangaben auf Vollständigkeit zu achten. In nachstehender Reihenfolge müssen angegeben sein:

a) bei *Zeitschriften*: Vorname-Initialen und Namen sämtlicher Autoren, Titel der Zeitschrift (nach „Periodica Chimica" oder möglichst wenig gekürzt), Bandnummer (unterstrichen), Jahreszahl (in Klammern), Heftnummer (nur bei Zeitschriften, die jedes Heft mit S. 1 beginnen) sowie die Seitenzahl, auf der die zitierte Arbeit beginnt.

b) bei *Büchern*: Initialen der Vornamen und Name des Autors (Herausgeber werden durch den Zusatz „ed." gekennzeichnet), voll ausgeschriebener Titel des Buches in der Originalsprache, evtl. Bandnummer, voll ausgeschriebener Name des Verlages, Nummer der Auflage (außer der ersten), Erscheinungsort(e), Erscheinungsjahr (hier nicht in Klammern setzen!) und evtl. Kapitelnummer, Seitenzahl u. ä.

c) bei *Sammelbänden, Tagungsberichten*: Es soll zusätzlich der Titel des zitierten Beitrags angegeben werden. Die Seitenzahl muß unbedingt angegeben werden. Aus dem Zitat muß hervorgehen, ob es sich um einen Tagungssammelband oder um einen noch nicht veröffentlichten Vortrag handelt. Zwischen Tagungsort und Erscheinungsort des entsprechenden Tagungsberichts ist zu unterscheiden.

3. Korrekturen

Der Autor erhält zwei Umbruchabzüge, von denen einer möglichst schnell korrigiert an die Redaktion zurückgereicht werden soll. Auf Wunsch des Autors kann die Korrektur auch von der Redaktion gelesen werden.

Durch nachträgliche Manuskriptänderungen verursachte Korrekturkosten gehen, sofern sie 10% der Satzkosten übersteigen zu Lasten des Autors.

Der Autor erhält 50 Sonderdrucke kostenlos. Weitere Sonderdrucke können bis zur Rückgabe der Korrekturabzüge auf Kosten des Autors bei der Redaktion bestellt werden.

Bezugsmöglichkeiten

Bestellungen sind zu richten

- **in der DDR** an den Postzeitungsvertrieb; an eine Buchhandlung oder an den AKADEMIE-VERLAG, DDR-1080 Berlin, Leipziger Straße 3–4
- **im sozialistischen Ausland** an eine Buchhandlung für fremdsprachige Literatur oder an den zuständigen Postzeitungsvertrieb
- **in der BRD und Westberlin** an eine Buchhandlung oder an die Auslieferungsstelle KUNST UND WISSEN, Erich Bieber, 7000 Stuttgart 1, Wilhelmstraße 4–6
- **in Österreich** an den Globus-Buchvertrieb, 1201 Wien, Höchstädtplatz 3
- **in den übrigen westeuropäischen Ländern** an eine Buchhandlung oder an die Auslieferungsstelle KUNST UND WISSEN, Erich Bieber GmbH, CH-8008 Zürich/Schweiz, Dufourstraße 51
- **im übrigen Ausland** an den Internationalen Buch- und Zeitschriftenhandel; den Buchexport, Volkseigener Außenhandelsbetrieb der Deutschen Demokratischen Republik, DDR-7010 Leipzig, Postfach 160, oder an den AKADEMIE-VERLAG, DDR-1080 Berlin, Leipziger Straße 3–4

Zeitschrift „Isotopenpraxis"

Herausgeber: Im Auftrag des Akademie-Verlages herausgegeben von Prof. Dr. Justus Mühlenpfordt und Prof. Dr. Carl Friedrich Weiss
Verlag: Akademie-Verlag, DDR-1080 Berlin, Leipziger Straße 3–4; Fernruf 2 23 62 21 oder 2 23 62 29; Telex-Nr. 114 420;
Bank: Staatsbank der DDR, Berlin, Kto.-Nr.: 6836-26-20712
Chefredakteur: Dr. Klaus Uhlig, Berlin
Anschrift der Redaktion (Fernruf: 6 35 11 77) der Zeitschrift Isotopenpraxis: Akademie-Verlag, DDR-1080 Berlin, Leipziger Str. 3–4
Veröffentlicht unter der Lizenznummer 1527 des Presseamtes beim Vorsitzenden des Ministerrates der Deutschen Demokratischen Republik
Gesamtherstellung: VEB Druckerei „Thomas Müntzer", DDR-5820 Bad Langensalza
Erscheinungsweise: Die Zeitschrift „Isotopenpraxis" erscheint monatlich. Die 12 Hefte eines Jahrganges bilden einen Band. Bezugspreis je Band 144,– M zuzüglich Versandspesen (Preis für die DDR 108,– M), Preis je Heft 12,– (Preis für die DDR 9,– M)
Bestellnummer dieses Heftes: 1079/16/6

AN (EDV) 12831

ISOTOPENPRAXIS ISSN 0021-1915

Band 16 (1980) Heft 6, S. 185–212

Redaktion und Verlag: Akademie-Verlag, Redaktion Isotopenpraxis, 1080 Berlin, Leipziger Straße 3–4

Inhaltsverzeichnis

Originalarbeiten

M. Gaber, P. Jugelt

Berechnung der Tiefenverteilung der primären Ionisationen in dicken Ein-Element-Targets bei Beschuß mit Elektronen aus dem Energiebereich unterhalb 30 keV

Isotopenpraxis 16 (1980) H. 6, S. 185 bis 189
8 Abb., 2 Tab., 19 Lit.

Es wird ein *Monte-Carlo*-Programm zur Berechnung der Tiefenverteilung der primären Ionisationen in dicken Ein-Element-Targets beschrieben. Das Programm basiert auf der Vielfachstreutheorie von *Moliere*. Der Berechnung der Ionisationen liegt der Ionisationsquerschnitt von *Gryzinski* zugrunde. Am Beispiel der Tiefenverteilung der primären Ionisationen der Elemente Al, Ti, Cu, Ag und Pb wird die Leistungsfähigkeit des entwickelten Rechenprogramms unter Beweis gestellt. Der Vergleich mit experimentellen Ergebnissen zeigt befriedigende Übereinstimmung. Das entwickelte *Monte-Carlo*-Programm ermöglicht außerdem die Berechnung der Rückstreukoeffizienten. Das Programm wurde für die Rechenmaschine BESM-6 in der problemorientierten Sprache FORTRAN IV geschrieben. Für die Simulation von 1000 Elektronenbahnen wird eine Rechenzeit von ca. 10 Minuten benötigt.

S. Becker, H.-J. Dietze

Untersuchungen zur thermischen Oberflächenionisation von schwerionisierbaren Elementen

I. Mitt. Grundlagen eines Analysenverfahrens zur Bestimmung der Isotopenhäufigkeiten des Molybdäns

Isotopenpraxis 16 (1980) H. 6, S. 190 bis 194
7 Abb., – Tab., 15 Lit.

Es werden die Grundlagen für ein Analysenverfahren zur Bestimmung der Isotopenhäufigkeiten des Molybdäns beschrieben. Das Ionisationsverhalten verschiedener Molybdänverbindungen in thermischen Oberflächenionenquellen wurde mit dem Ziel, geeignete Mo-Verbindungen zu finden, mit denen sich Isotopenanalysen von Mikrogramm-Probenmengen und Reproduzierbarkeiten mit Standardabweichungen von 1‰ durchführen lassen, untersucht.

M. Knothe

Untersuchungen zum Verhalten der Pt-Metalle gegenüber festen und flüssigen Kationenaustauschern mit Hilfe der Radiotracermethode

Isotopenpraxis 16 (1980) H. 6, S. 194 bis 197
2 Abb., 4 Tab., 12 Lit.

Mit Hilfe radioaktiver Nuklide wurde die Aufnahme der Pt-Metalle aus chloridhaltigen Lösungen sowohl durch feste (Wofatit KPS) als auch durch flüssige Kationenaustauscher (Bis-2-äthylhexylphosphorsäure) bei Variation des *p*H-Wertes, der Vorbehandlung sowie der Edelmetallkonzentration bestimmt. Pt und Ir wurden nur geringfügig, Pd und Rh dagegen deutlich stärker adsorbiert. Beide Austauschertypen zeigten qualitativ das gleiche Verhalten. Die gefundenen Abhängigkeiten der Adsorption wurden auf das komplexchemische Verhalten der Pt-Metalle zurückgeführt. Es werden Verfahren zur schnellen radiochemischen Reinigung der benutzten Nuklide angegeben.

E. Winkler

Tracer-Kinetik: Über die Geltung von linearen Geschwindigkeitsgleichungen (*in Englisch*)

Isotopenpraxis 16 (1980) H. 6, S. 198 bis 199
– Abb., – Tab., 5 Lit.

In der Literatur ist die Feststellung zu finden, daß die Untersuchung chemischer Reaktionen mit Hilfe von Isotopen unabhängig vom molekularen Mechanismus der Reaktion zu linearen Geschwindigkeitsgleichungen für den Tracer führt, falls sich das System im stationären Zustand befindet. Diese Aussage, die die Begründung der Compartmenttheorie betrifft, wurde von *Fleck* (1972) in Frage gestellt; seine Argumentation wurde von *Norwich* (1977) erweitert. – Eine erneute Untersuchung des von *Fleck* gegebenen Beispiels führt zu dem Ergebnis, daß im stationären Zustand des Systems lineare Geschwindigkeitsgleichungen für den Tracer streng gültig sind ohne Einschränkung betreffs der Tracerkonzentration. Ein möglicher experimenteller Hintergrund hierfür ist die Untersuchung chemischer Reaktionen in offenen biologischen Systemen. Auch die Anwendung stabiler Isotope ist dabei möglich.

V. Jedınaková, J. Sladkovská

Bestimmung von Silber-Mikromengen in Platin nach der Isotopenverdünnungsmethode (*in Russisch*)

Isotopenpraxis 16 (1980) H. 6, S. 200 bis 202
1 Abb., 4 Tab., 5 Lit.

In der Arbeit wird ein Verfahren beschrieben zur Bestimmung von Silber-Mikromengen in Platin nach der Methode der Isotopenverdünnung mit Hilfe der substöchiometrischen Extraktion der Dithizonate mit Tetrachlorkohlenstoff. Bei der Silberbestimmung nach dem genannten Verfahren stören Zink und Gold in Mengen, die im Vergleich zum Silbergehalt um eine Größenordnung höher sind, und auch Platin in großem Überschuß nicht. In Gegenwart von Kupfer ist es erforderlich, Komplexon zur Maskierung zuzusetzen.

W. M. Petriew, W. I. Steptschenkow

Verfahren zur Herstellung markierter Albumin-Mikrosphären durch Neutronenaktivierung (*in Russisch*)

Isotopenpraxis 16 (1980) H. 6, S. 202 bis 203
– Abb., – Tab., 10 Lit.

Es wurde ein prinzipiell neues Verfahren zur Herstellung markierter Albumin-Mikrosphären ausgearbeitet. Das Wesen des Verfahrens besteht in der Einführung stabiler Elemente in die Mikrosphären, die durch Neutronen aktivierbar sind. Bei der Bestrahlung der die aktivierbaren Elemente enthaltenden Mikrosphären mit Neutronen erhält man Teilchen mit hoher spezifischer Aktivität (bis 5000 mCi/g für ^{152m}Eu-Mikrosphären), die die spezifische Aktivität von Mikrosphären, die nach bekannten Methoden erhalten werden, um eine Größenordnung übertrifft. Zur Markierung der Mikrosphären nach dem ausgearbeiteten Verfahren kann ein beliebiges Element verwendet werden, das mit Neutronen aktivierbar ist. Das neue Verfahren erweitert nicht nur die Reihe der Isotope, mit denen Mikrosphären markiert werden können, sondern vereinfacht auch die Herstellungstechnologie des markierten Präparats und verringert die Strahlenbelastung des Personals bei seiner Anfertigung.

P. Czeglédi, V. Cieleszki, A. Andrási, P. Zombori

Konzentration der Radioaktivität verschiedener Zimtproben (*in Englisch*)

Isotopenpraxis 16 (1980) H. 6, S. 204 bis 206
3 Abb., 1 Tab., 2 Lit.

Natürliche und künstliche Radioaktivität von Zimtproben aus verschiedenen Ländern (China, Sri Lanka und Indonesien) wurde studiert. Der Gehalt an ^{40}K, ^{90}Sr, ^{137}Cs, ^{226}Ra und ^{232}Th wurde quantitativ bestimmt. Eine Probe aus China enthielt eine extrem große Menge ^{90}Sr, und auch der ^{137}Cs-Gehalt dieser Probe war wesentlich größer als in den anderen Proben.

U. Prösch, L. Kolditz

Strahlenchemische Halogenabspaltung aus $C_2F_3Cl_3$ in Methanol

Isotopenpraxis 16 (1980) H. 6, S. 206 bis 208
2 Abb., 1 Tab., 5 Lit.

(Fortsetzung des Inhaltsverzeichnisses auf der Rückseite des 2. gelben Blattes)

ISOTOPENPRAXIS

Band 16 (1980) Heft 6, S. 185–212

Redaktion und Verlag: Akademie-Verlag, Redaktion Isotopenpraxis, 1080 Berlin, Leipziger Straße 3–4

Contents

Articles

M. Gaber, P. Jugelt

Calculation of the Depth Distribution of Primary Ionizations in Thick Pure Element Targets Bombarded with Electrons in the Energy Range below 30 keV

Isotopenpraxis **16** (1980) No. 6, p. 185 to 189
8 Fig., 2 Tab., 19 Ref.

A *Monte-Carlo* program is described for the calculation of the depth distribution of primary ionizations in thick pure element targets. The program based on the *Moliere*'s multiplescattering theory. For the calculation of the ionizations the *Gryzinski* cross section is used. The applicability of the developed program is demonstrated on the example of depth distribution of the primary ionizations for the elements Al, Ti, Cu, Ag and Pb. The calculations agree well with the available experimental data for ionization distributions. With the developed *Monte-Carlo* program it is also possible to obtain the electron backscattering coefficients. The program was developed for the computer BESM-6 in the machine-oriented language FORTRAN-IV. For the simulation of 1000 electron tracks a machine time of 10 minutes is needed.

S. Becker, H.-J. Dietze

Investigations on Thermal Surface Ionization of Elements Difficult to Ionize

Isotopenpraxis **16** (1980) No. 6, p. 190 to 194
7 Fig., – Tab., 15 Ref.

The basic aspects of a method providing the determination of the abundance of molybdenum isotopes are described. The ionization behaviour of various molybdenum compounds in thermal surface ion sources was studied in order to find molybdenum compounds suitable for isotope analyses in the microgram range and reproduceable with standard deviations less than 1‰.

M. Knothe

Investigations into the Behaviour of the Plantinum-Group Metals to Solid and Liquid Cationites by the Radiotracer Method

Isotopenpraxis **16** (1980) No. 6, p. 194 to 197
2 Fig., 4 Tab., 12 Ref.

The adsorption of the platinum-group metals by solid (Wofatit KPS) and liquid cationites (di-2-ethyl hexyl phosphoric acid) from chloride-containing solutions has been determined by the use of radioactive nuclides as a function of *p*H, pretreatment and concentration of precious metals. Pt and Ir have only slightly been adsorbed, Pd and Rh, however, to a clearly higher degree. Both types of exchangers showed the same qualitative behaviour. The dependences of the adsorption found have been attributed to the behaviour of the complexes of the platinum-group metals. Procedures to purify quickly the nuclides used are described.

E. Winkler

Tracer Kinetics — On the Validity of First-Order Rate Equations (*in English*)

Isotopenpraxis **16** (1980) No. 6, p. 198 to 199
– Fig., – Tab., 5 Ref.

In literature we often find the statement that investigation of chemical reactions with the aid of isotopes independently from the molecular mechanism of the reactions leads to linear rate equations for the tracers, provided the system is in stationary state. This statement, which is related

Содержание

Статьи

М. Габер, П. Югельт

Вычисление глубинного распределения первичных ионизаций в толстых образцах чистых элементов при облучении электронами в диапазоне энергии ниже 30 *кев*

Isotopenpraxis **16** (1980) вып. 6, стр. 185 до 189
8 рис., 2 табл., 19 лит.

Описана программа по методу *Монте-Карло* для расчёта глубинного распределения первичных ионизаций в толстых образцах чистых элементов. Программа обоснована на теории многократного рассеяния по методу *Молейра*. Для вычисления ионизаций взято за основу сечение ионизаций, вычисленное по методу *Гричинского*. Возможности разработанной программы показаны на примере вычисления глубинного распределения первичных ионизаций элементов Al, Ti, Cu, Ag и Pb. Теоретические расчёты согласуются с экспериментальными данными. Программа кроме этого позволяет вычисление коэффициента обратного рассеяния. Программа написана для ЭВМ БЕСМ-6 на языке FORTRAN-IV. Для моделирования 1000 электронных путей программа требуется 10 минут машинного времени.

С. Беккер, Х.-И. Дийтце

Исследования по термической поверхностной ионизации трудно ионизируемых элементов

Isotopenpraxis **16** (1980) вып. 6, стр. 190 до 194
7 рис., – табл., 15 лит.

Описываются принципы метода определения распространенности изотопов молибдена. Исследовалось ионизационное поведение различных соединений молибдена в термических поверхностных источниках ионизации с целью выявления соединений молибдена, с которыми можно провести изотопные анализы с образцами в пределах микрограмм с воспроизводимостью при стандартных отклонениях менее 1‰.

М. Кноте

Исследования по поведению платиновых металлов по отношению к твердым и жидким катионитам, проводимые методом меченых атомов

Isotopenpraxis **16** (1980) вып. 6, стр. 194 до 197
2 рис., 4 табл., 12 лит.

Радиоактивные нуклиды были использованы для определения при вариации *p*H, предварительной обработки и концентрации благородных металлов адсорбции как твердыми (Вофатит КПС), так и жидкими катионитами (ди-2-этилгексанфосфатной кислотой) находящихся в хлоридистых растворах платиновых металлов. Адсорбция платины и иридия была только лишь незначительна в то время, когда она была заметно сильнее в отношении палладия и родия. Оба типа обменных веществ показали одинаковое качественное поведение. Найденные зависимости адсорбции были выведены на комплексохимическое поведение платиновых металлов. Приводятся способы быстрого радиохимического очищения использованных нуклидов.

Е. Винклер

Кинетика радиоактивных индикаторов — О действительности уравнений скорости первого порядка (*на англ. языке*)

Isotopenpraxis **16** (1980) вып. 6, стр. 198 до 199
– рис., – табл., 5 лит.

В литературе часто встречается высказывание, что исследование химических реакций с помощью изотопов независимо от молекулярного механизма реакций приводит к линейным уравнениям скорости по индикаторам, если система находится в стационарном состоянии.

Berechnung der Tiefenverteilung der primären Ionisationen in dicken Ein-Element-Targets bei Beschuß mit Elektronen aus dem Energiebereich unterhalb 30 keV

*M. Gaber**), *P. Jugelt*

(Technische Universität Dresden, Sektion Physik, Wissenschaftsbereich Angewandte Kernphysik)[1]

Es wird ein Monte-Carlo-Programm zur Berechnung der Tiefenverteilung der primären Ionisationen in dicken Ein-Element-Targets beschrieben. Das Programm basiert auf der Vielfachstreutheorie von Moliere. Der Berechnung der Ionisationen liegt der Ionisationsquerschnitt von Gryzinski zugrunde. Am Beispiel der Tiefenverteilung der primären Ionisationen der Elemente Al, Ti, Cu, Ag und Pb wird die Leistungsfähigkeit des entwickelten Rechenprogramms unter Beweis gestellt. Der Vergleich mit experimentellen Ergebnissen zeigt befriedigende Übereinstimmung. Das entwickelte Monte-Carlo-Programm ermöglicht außerdem die Berechnung der Rückstreukoeffizienten. Das Programm wurde für die Rechenmaschine BESM-6 in der problemorientierten Sprache FORTRAN-IV geschrieben. Für die Simulation von 1000 Elektronenbahnen wird eine Rechenzeit von ca. 10 Minuten benötigt.

(A13; A32) INIS DESCRIPTORS:

aluminium; backscattering; computer calculations; copper; depth; electron beams; ionization; keV range 10—100; lead; Moliere theory; Monte Carlo method; multiple scattering; silver; spatial distribution; titanium; X radiation

1. Einleitung

Die energiedispersive Röntgenspektrometrie ermöglicht in Verbindung mit Elektronensonden die quantitative und qualitative Elementanalyse von Mikrobereichen. Gegenüber wellenlängendispersiven Röntgenspektrometern bieten energiedispersive Spektrometer mit Halbleiterdetektoren den Vorteil der simultanen Erfassung des gesamten von der Probe emittierten Röntgenspektrums, der erheblich höheren Spektrometereffektivität und des Fehlens von Beugungslinien höherer Ordnung. Zu den Nachteilen zählen insbesondere die schlechtere energetische Auflösung und die Tatsache, daß nur relativ kleine Photonenströme verarbeitet werden können. Diese Besonderheiten müssen bei der Optimierung der Meß- und Anregungsbedingungen, bei der Ermittlung der erreichbaren Konzentrationsgrenzen und bei der Entwicklung spezifischer ZAF-Korrektionsverfahren berücksichtigt werden. Eine wesentliche Voraussetzung dafür sind Aussagen über die am Detektorort zu erwartenden Photonenstromdichten.

Die Berechnung der Photonenstromdichten beinhaltet sowohl die Lösung der Transportgleichung für Elektronen als auch für Photonen. Als universelle Lösungsmethode ohne erhebliche Beschränkung durch Randbedingungen bietet sich für diese Aufgabe die *Monte-Carlo*-Methode an (vgl. z. B. [1—3]). Die Besonderheit der Aufgabenstellung besteht dabei u. a. darin, den erforderlichen Aufwand durch Auswahl eines geeigneten Modells zu miminalisieren, damit der Einsatz eines entsprechenden Rechenprogramms zur Lösung praktischer Aufgabenstellungen auch aus ökonomischer Sicht vertretbar wird.

Aussagen über die Brauchbarkeit des verwendeten Modells muß ein Vergleich der damit gewonnenen Ergebnisse mit experimentellen Werten bringen. Ein entscheidender Zwischenschritt auf dem Wege der Ermittlung der Photonenstromdichte am Detektorort ist die Berechnung der Tiefenverteilung der primären Ionisationen $\Phi^p(\varrho z)$. Insbesondere ermöglicht in diesem Fall der Vergleich mit experimentellen Ergebnissen das zur Simulation des Elektronentransportes eingesetzte Modell auf seine Brauchbarkeit zu untersuchen.

Grundlage des von uns entwickelten Modells bildet die Vielfachstreutheorie von *Moliere* [4]. Dadurch wird im Vergleich zum Einzelstreumodell die Anzahl der durchzuspielenden elastischen Streuakte um den Faktor 20 bis 30 reduziert.

Die Ermittlung des Energieverlustes zwischen den Vielfachstreuereignissen erfolgt nach der von *Bethe* [5] angegebenen Beziehung, während sich die Berechnung der Anzahl der Ionisationen auf den von *Gryzinski* [6] angegebenen Ionisationsquerschnitt stützt.

Zum Vergleich werden experimentell ermittelte Tiefenverteilungen herangezogen, die von verschiedenen Autoren [7—9] mit dem Sandwich-Verfahren gewonnen wurden. Die Gegenüberstellung berechneter und experimentell ermittelter Rückstreukoeffizienten wird zur Stützung der Aussagen ebenfalls in die Betrachtung einbezogen. Für den Vergleich wurden die Tiefenverteilungen und Rückstreukoeffizienten dicker Targets der Elemente Al, Ti, Cu, Ag und Pb ausgewählt. Unter Berücksichtigung des vorgesehenen Einsatzgebietes (Elektronenstrahlmikroanalyse) war zu prüfen, inwieweit das verwendete Elektronentransport-Modell brauchbare Ergebnisse im Energiebereich der eingeschossenen Primärelektronen von 20 bis 30 keV bringt.

2. Beschreibung des Modells zur Berechnung der Tiefenverteilung der primären Ionisationen

Die Tiefenverteilung der primären Ionisationen $\Phi^p(\varrho z)$[1]) ist definiert als das Verhältnis zwischen der Intensität der charakteristischen Röntgenstrahlung $I(\varrho z)$, die von Elektronen in einer unendlich ausgedehnten Schicht der Dicke

*) Aspirant aus der ARÄ (Universität Alexandria)

[1]) Anschrift: 8027 Dresden, Mommsenstr. 13

[1]) Im Gegensatz dazu können bei realen Proben zusätzlich Ionisationen durch die in der Probe erzeugte charakteristische Röntgenstrahlung bzw. Bremsstrahlung hervorgerufen werden.

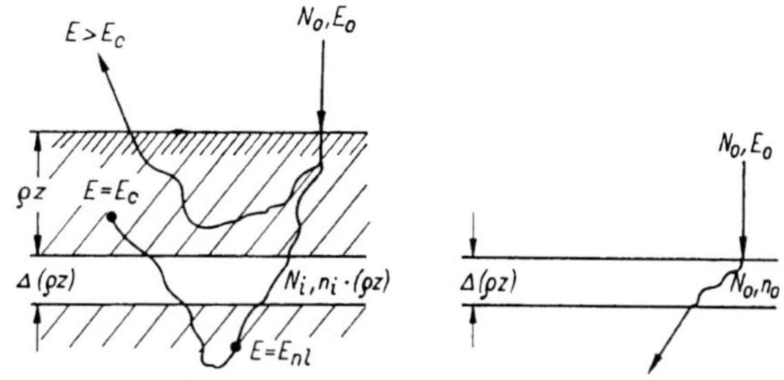

Abb. 1. Schematische Darstellung zur Definition der Tiefenverteilung der primären Ionisationen

Bitte beachten: Links oben in der Abb. lies $E > E_{nl}$ statt $E > E_0$

$\Delta(\varrho z)$ in der Tiefe ϱz erzeugt wird, und der Intensität I_0, die in einer isolierten Schicht der gleichen Dicke entsteht (vgl. Abb. 1), d. h.

$$\Phi^{p}(\varrho z) = \frac{I(\varrho z)}{I_0} \tag{1}$$

Bezogen auf eine ausgewählte Energie der charakteristischen Röntgenstrahlung $h\nu$ ergibt sich

$$\Phi^{p}(\varrho z) = \frac{n_i(\varrho z)}{n_0} \tag{1a}$$

Hierbei sind

$n_i(\varrho z)$ — Anzahl der in der Zeiteinheit Δt in der Tiefe ϱz in der i-ten Schicht der Dicke $\Delta(\varrho z)$ erzeugten Photonen der Energie $h\nu$

n_0 — Anzahl der in der Zeiteinheit Δt in der isolierten Schicht der Dicke $\Delta(\varrho z)$ erzeugten Photonen der Energie $h\nu$.

Zur Berechnung der Werte $n_i(\varrho z)$ wird das Ein-Element-Target in zur Oberfläche parallele Schichten der Dicke $\Delta(\varrho z)$ unterteilt (vgl. Abb. 2). Die Primärelektronen mit der Energie E_0 treffen senkrecht auf die ebene Oberfläche und dringen zunächst ohne Ablenkung bis in die Tiefe $(\varrho z)_0$ vor. Die Wegstrecke $(\varrho z)_0$ wird in k Intervalle unterteilt. Für jedes dieser Intervalle berechnet das Programm die Anzahl der primären Ionisationen Δn und den Energieverlust ΔE.

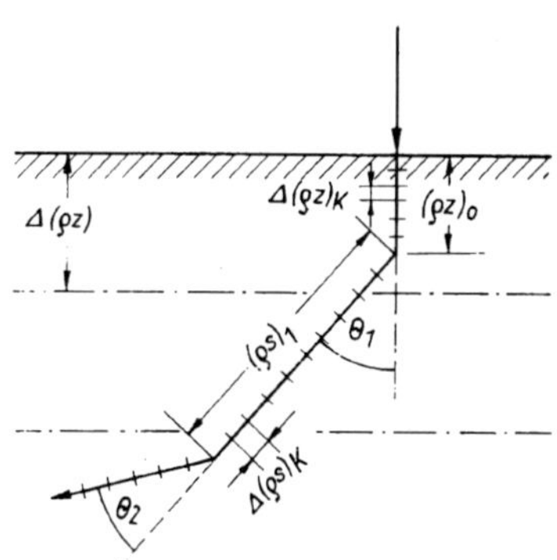

Abb. 2. Modell zur Berechnung der Tiefenverteilung der primären Ionisationen

Grundlage für die Berechnung der Anzahl der Ionisationen längs der Wegstrecke $\Delta(\varrho s)$ bildet die Beziehung

$$\frac{\mathrm{d}n}{\mathrm{d}(\varrho s)} = \frac{N_A}{A} Q_{nl}(E) \tag{2}$$

A — das Atomgewicht des Targetelements

$Q_{nl}(E)$ — der Ionisationsquerschnitt der nl-Schale für die Elektronenenergie E

N_A — *Avogadro*-Konstante

Die Teilstrecke $\Delta(\varrho s)_k$ ist so kurz, daß die Ionisationen längs dieser Strecke nach der Gleichung

$$\Delta n_{nl} = \frac{N_A}{A} Q_{nl}(E) \cdot \Delta(\varrho s)_k \tag{2a}$$

berechnet werden können.

Zur Ermittlung des Ionisationsquerschnittes $Q_{nl}(E)$ finden die von *Gryzinski* [6] angegebenen Querschnitte Verwendung:

$$Q_{nl}E_{nl}^2 = 6{,}51 \cdot 10^{-14} \cdot z_{nl} \cdot g(U_{nl}) \quad \text{in cm}^2 \cdot (\text{eV})^2 \tag{3}$$

$$g(U_{nl}) = \frac{1}{U}\left(\frac{U-1}{U+1}\right)^{3/2} \times \left[1 + \frac{2}{3}\left(1 - \frac{1}{2U}\right) \ln\left(2{,}7 + \sqrt{U-1}\right)\right]$$

mit

$U = E/E_{nl}$

z_{nl} — die Zahl der Elektronen in der nl-Schale

E — die Energie des Elektrons

E_{nl} — die Bindungsenergie des in der nl-Schale befindlichen Elektrons

Untersuchungen von *Jessenberger* und *Hink* [20] haben ergeben, daß die nach *Gryzinski* berechneten Ionisationsquerschnitte in einem breiten Energieintervall in Einklang mit experimentellen Werten stehen, wenn die nach (3) berechneten Querschnitte mit einem Faktor 1,23 multipliziert werden. Dieser Faktor hat allerdings auf die Berechnung der Tiefenverteilung der Ionisationen keinen Einfluß, da hierbei gemäß (1) nur die relativen Querschnitte eingehen.

Die Berechnung des Energieverlustes der Elektronen erfolgt in Abhängigkeit von der Elektronenenergie nach folgenden zwei Beziehungen:

a) Für Energien $E > 6{,}3381 \cdot J$ findet die nichtrelativistische Beziehung von *Bethe* [5] Verwendung:

$$-\frac{\mathrm{d}E}{\mathrm{d}(\varrho s)} = \frac{K_1 \cdot Z}{A} \cdot \frac{1}{E} \ln\left(\frac{1{,}166\,E}{J}\right) \tag{4a}$$

Hierbei sind:

$\frac{\mathrm{d}E}{\mathrm{d}(\varrho s)}$ — der mittlere Energieverlust pro Flächenmasse längs der Bahn des Elektrons

J — die mittlere Ionisationsenergie

Z — die Ordnungszahl des Targetelements

K_1 — $7{,}85 \cdot 10^4\ (\text{keV})^2 \cdot \text{cm}^2 \cdot \text{g}^{-1}$

b) Für Energien $E \leqq 6{,}338 \cdot J$ kommt die Beziehung

$$-\frac{\mathrm{d}E}{\mathrm{d}(\varrho s)} = \frac{K_2 \cdot Z}{\sqrt{E} \cdot A} \cdot \frac{1}{\sqrt{J}} \tag{4b}$$

mit $K_2 = 6{,}24 \cdot 10^4\ (\text{keV})^2 \cdot \text{cm}^2 \cdot \text{g}^{-1}$ zur Anwendung.

Diese empirische Modifikation der *Bethe*-Beziehung (4a) wurde zuerst von *Rao-Sahib* und *Wittry* [10] vorgeschlagen.

Der Energieverlust beim Durchlaufen des k-ten Intervalls berechnet sich zu

$$\Delta E = E_{k-1} - E_k = \int_{\Delta(\varrho s)_{k-1}}^{\Delta(\varrho s)_k} \frac{dE}{d(\varrho s)}\, d(\varrho s) \qquad (5)$$

Die mittlere Ionisationsenergie J ergibt sich nach der von *Duncumb* u. a. [11] angegebenen Beziehung

$$\frac{J}{Z} = 14\,[1 - \exp(-0{,}1 \cdot Z)] + \frac{75{,}5}{Z^{Z/7,5}} - \frac{Z}{100 + Z} \qquad (6)$$

In der Tiefe $(\varrho z)_0$ findet gemäß vorliegendem Modell der erste Vielfachstreuakt statt. Die Ermittlung des Ablenkwinkels erfolgt nach der Vielfachstreutheorie von *Moliere*. Dieser Theorie liegen folgende Annahmen zugrunde:

a) Die Einzelablenkungen sind unabhängig voneinander, so daß statistische Gesetzmäßigkeiten zugrunde gelegt werden können.

b) Die Schrittweite sei klein genug, so daß die Umwege der Elektronen, ihre seitlichen Versetzungen sowie ihre Energieverluste unberücksichtigt bleiben können.

c) Der aus den Einzelablenkungen resultierende Vielfachstreuwinkel darf nicht größer als 30 ... 40° sein.

d) Die Theorie ist nur für Stoßzahlen größer 20 gültig.

Die Theorie darf weder bei zu dünnen Folien noch bei zu dicken Streuern angewendet werden.

Der Gültigkeitsbereich der *Moliere*schen Theorie läßt sich hinsichtlich der Wiedergabe der experimentellen Winkelverteilung durch Hinzunahme des Faktors $\sqrt{\frac{\sin\Theta}{\Theta}}$ noch bis zu Ablenkwinkeln von etwa 90° erweitern (vgl. [15]). Die Wahrscheinlichkeitsdichteverteilung $f(\Theta)$ des polaren Vielfachstreuwinkels Θ hat nach *Moliere* [4] folgende Form

$$f(\Theta) \cdot \Theta \cdot d\Theta = [f^{(0)}(\Theta_r) + f^{(1)}(\Theta_r)/B + f^{(2)}(\Theta_r)/B^2 + \ldots]\, \Theta_r \cdot d\Theta_r$$

Der Parameter B ergibt sich nach *Scott* [12, 13] aus dem Näherungsdruck

$$B = 1{,}153 + 2{,}583 \log \nu_c \qquad (8)$$

Im vorliegenden Rechenprogramm wird die Winkelverteilung von *Moliere* bis zum 2. Glied der Reihenentwicklung einschließlich der von *Bethe* vorgeschlagenen Korrektion

$\left(\text{Faktor } \sqrt{\frac{\sin\Theta}{\Theta}}\right)$ berücksichtigt.

Der in der Beziehung (8) enthaltene Parameter ν_c ist die mittlere Anzahl von Einzelstreuprozessen in der durchquerten Schicht ϱs. Im Gebiet nichtrelativistischer Energien ($E \ll m_0c^2$) ergibt sich ν_c zu (vgl. [14]):

$$\nu_c = K_3 \cdot \frac{1}{E} \cdot \frac{Z^{4/3}}{A} \cdot (\varrho s) \qquad (9)$$

mit $K_3 = 2{,}8 \cdot 10^3 \cdot \text{keV} \cdot \text{g}^{-1} \cdot \text{cm}^2$.

Diese Beziehung ist gleichzeitig die Grundlage für die Berechnung der Weglänge, die das Elektron ohne Richtungsablenkung bis zum Ort des nächsten Vielfachstreuaktes läuft, wobei eine mittlere Stoßzahl ν_c vorgegeben wird. Es wurden Stoßzahlen $\nu_c \geqq 20$ gewählt.

Analog zum Vorgehen bei der Eindringtiefe $(\varrho z)_0$ wird die Weglänge ϱs ebenfalls in k Teilstrecken $\Delta(\varrho s)_k$ unterteilt. Für jedes dieser Intervalle berechnet das Programm wiederum den Energieverlust ΔE und die Anzahl der Ionisationen Δn.

Der Weg eines Elektrons wird vom Rechenprogramm abgebrochen, wenn die Energie des Elektrons die Schwelle E_c[2]) unterschritten hat oder wenn das Elektron die Probe durch Rückstreuung in den oberen Halbraum verläßt (vgl. Abb. 1).

Die Einzelbeiträge der Ionisationen Δn längs eines Teilintervalls $\Delta(\varrho z)_k$ bzw. $\Delta(\varrho s)_k$ werden innerhalb der einzelnen parallel zur Oberfläche laufenden Schichten der Dicke $\Delta(\varrho z)$ aufsummiert. Das Programm wird abgebrochen, wenn die vorgegebene Zahl N_0 durchzuspielender Primärelektronen erreicht ist.

Der statistische Fehler der nach vorliegendem Modell für eine Schichtdicke $\Delta(\varrho z)$ berechneten Funktionswerte ist im wesentlichen von der Anzahl der eingeschossenen Primärelektronen abhängig. Zur Vereinfachung der Fehlerschätzung soll davon ausgegangen werden, daß der Ionisationsquerschnitt von der Energie der Elektronen unabhängig ist. Unter dieser Voraussetzung ist die Zahl der Ionisationen n_i proportional zu der Zahl der Elektronen N_i, die die i-te Schicht durchqueren:

$$n_0 \sim N_0$$

$$n_i \sim N_i$$

Damit berechnet sich die Tiefenverteilung der Ionisationen näherungsweise zu:

$$\Phi_i^{p}(\varrho z) = \frac{N_i(\varrho z)}{N_0} \qquad (10)$$

Der statistische Fehler des Funktionswertes $\Phi_i(\varrho z)$ berechnet sich nach dem *Gauss*'schen Fehlerfortpflanzungsgesetz zu

$$\Delta\Phi_i(\varrho z) = \frac{1}{\sqrt{N}}\,[\Phi_i(\varrho z)\,(1 + \Phi_i(\varrho z))]^{1/2} \qquad (11)$$

3. Erste Ergebnisse

Das entwickelte *Monte-Carlo*-Programm wurde zur Berechnung der Tiefenverteilung primärer Ionisationen in Ein-Element-Targets für den Fall des senkrechten Elektroneneinfalls eingesetzt. In Tab. 1 sind für die Elemente Al, Ti, Cu, Ag und Pb die zur Berechnung der Tiefenverteilung benutzten Parameter zusammengestellt. Im Vergleich mit den mittels *Monte-Carlo-Methode* berechneten

Tab. 1. Zusammenstellung der für die Berechnung der Tiefenverteilungen der primären Ionisationen verwendeten Parameter

Element	E_0 keV	ν_c	$\Delta(\varrho z)$ $\text{mg} \cdot \text{cm}^{-2}$	N_0
Al	20	25	0,030	1200
Tiè	25	25	0,050	1200
Cu	30	20	0,050	3000
Ag	25	25	0,050	1000
Pb	30	25	0,035	1000

[2]) Die Schwellenergie E_c berechnet sich nach der Beziehung $E_c = J + 0{,}3$ keV

Werten wurden mit dem Sandwich-Verfahren gewonnene Meßergebnisse herangezogen.

Die Abb. 3 bis 7 zeigen die mit dem entwickelten *Monte-Carlo*-Programm berechneten Tiefenverteilung der primären Ionisationen. Gute Übereinstimmung mit den experimentell ermittelten Tiefenverteilungen wurde inner-

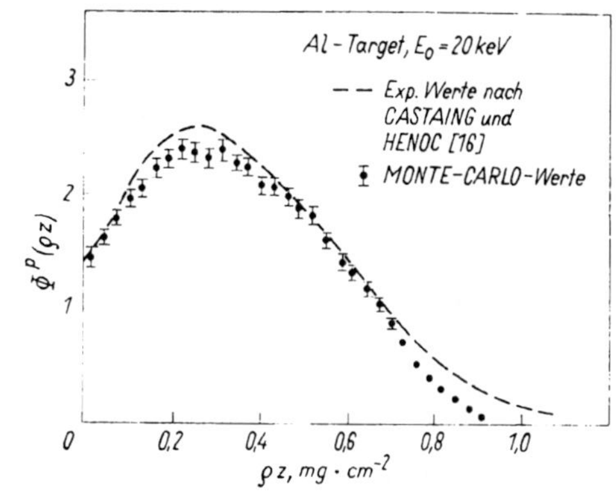

Abb. 3. Tiefenverteilung der primären K-Ionisationen in Aluminium

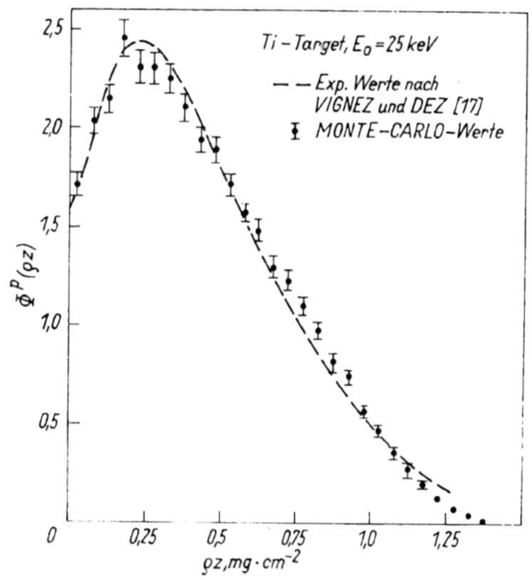

Abb. 4. Tiefenverteilung der primären K-Ionisationen in Titan

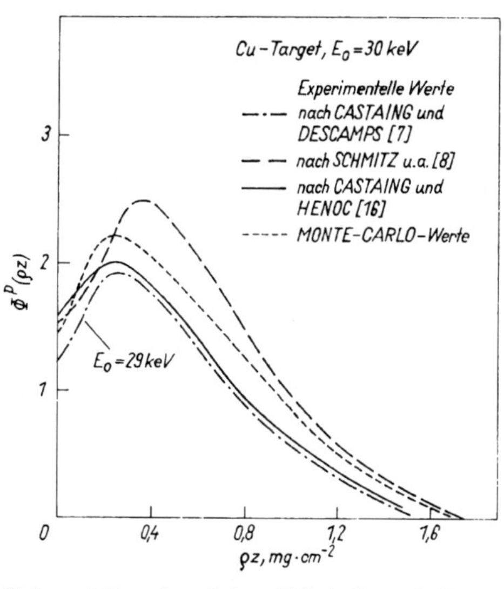

Abb. 5. Tiefenverteilung der primären K-Ionisationen in Kupfer

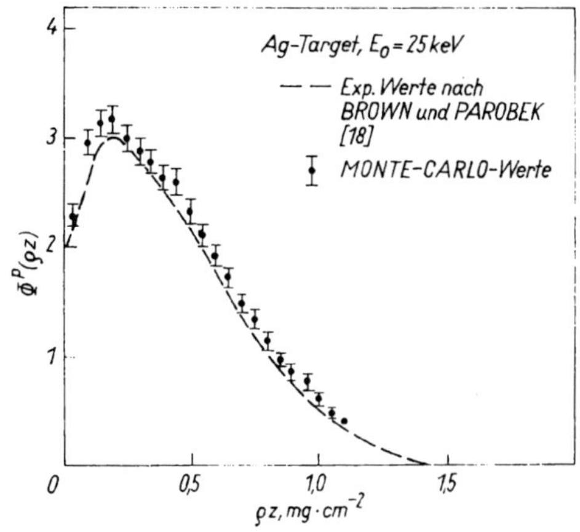

Abb. 6. Tiefenverteilung der primären L-Ionisationen in Silber (L_α-Strahlung)

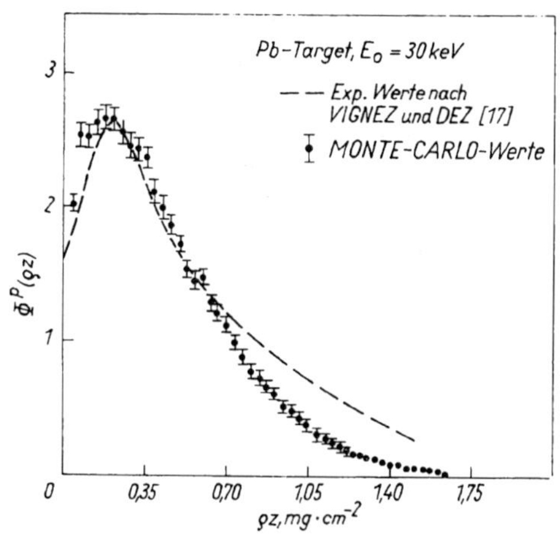

Abb. 7. Tiefenverteilung der primären L-Ionisationen in Blei (L_α-Strahlung)

halb der durch den statistischen Fehler bedingten Grenzen bei den Elementen Al, Ti und Ag erreicht. Unbefriedigend ist dagegen die Situation bei der Tiefenverteilung der K-Ionisationen in Kupfer. Hier treten erhebliche Abweichungen gegenüber den experimentell ermittelten Werten auf. Allerdings sind bereits beim Vergleich der verschiedenen experimentellen Ergebnisse untereinander beträchtliche Unterschiede zu beobachten. Außerdem fehlen in den einschlägigen Veröffentlichungen Angaben über den Meßfehler.

Abb. 7 zeigt die mit dem *Monte-Carlo*-Programm berechnete Tiefenverteilung der primär erzeugten L_α-Strahlung von Blei bei einer Einschußenergie der Elektronen von 30 keV. Die berechnete Tiefenverteilung stimmt mit den von *Vignez* und *Dez* [17] veröffentlichten Meßwerten innerhalb der durch den statistischen Fehler bedingten Grenzen bis zu einer Eindringtiefe von etwa 0,5 mg/cm² gut überein. Der bei der gemessenen Tiefenverteilung nach größeren Eindringtiefen zu auftretende exponentielle Ausläufer ist damit erklärbar, daß die experimentellen Werte nicht auf Fluoreszenz korrigiert sind und deshalb der Anteil der sekundär erzeugten L_α-Strahlung darin noch enthalten ist.

Neben der Ermittlung der Tiefenverteilung ermöglicht das entwickelte Rechenprogramm u. a. auch die Ermittlung von Rückstreukoeffizienten.

Tab. 2. Zusammenstellung der berechneten Rückstreukoeffizienten η und der dabei verwendeten Parameter

Element	Z	ν_c	$(\varrho z)_0$ mg · cm^{-2}	η
Al	13	25	0,0240	0,087
Ti	22	25	0,0100	0,215
Cu	29	20	0,00015	0,280
Ag	47	25	0,0480	0,390
Pb	82	25	0,0390	0,524

Tab. 2 enthält die für die Elemente Al, Ti, Cu, Ag und Pb mit dem *Monte-Carlo*-Verfahren berechneten Rückstreukoeffizienten für den Fall des senkrechten Elektroneneinfalls bei einer Primärenergie von 30 keV. Außerdem sind in der Tabelle die für die Berechnung verwendete Stoßzahl ν_c und die Eindringtiefe $(\varrho z)_0$ bis zum Ort des ersten Vielfachstreuaktes enthalten. Die Untersuchungen haben bestätigt, daß der Parameter $(\varrho z)_0$ den berechneten Rückstreukoeffizienten empfindlich beeinflußt, während eine Variation dieses Parameters auf die Tiefenverteilung der Ionisation nur geringen Einfluß hat.

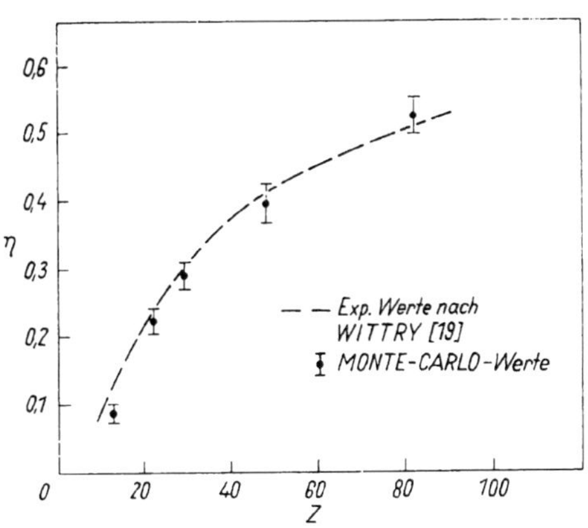

Abb. 8. Abhängigkeit des Rückstreukoeffizienten von der Ordnungszahl des Targetelements

Abb. 8 zeigt die berechneten Rückstreukoeffizienten für 30-keV-Elektronen in Abhängigkeit von der Ordnungszahl des Targetelements. Diese Werte stimmen innerhalb der Grenzen des statistischen Fehlers gut mit experimentellen Ergebnissen von *Wittry* [19] überein.

4. Zusammenfassung

Die durchgeführten Untersuchungen haben die Möglichkeit des Einsatzes des Vielfachstreumodells vom *Moliere* als Grundlage eines *Monte-Carlo*-Programms zur Berechnung der Tiefenverteilung der primären Ionisationen in dem für die Elektronenstrahlmikroanalyse interessierenden Energiebereich bestätigt. Am Beispiel ausgewählter Elemente konnte die Leistungsfähigkeit des entwickelten Rechenprogramms demonstriert werden. Die mit dem *Monte-Carlo*-Programm ermittelten Tiefenverteilungen wurden mit experimentellen Ergebnissen verglichen und zeigen befriedigende Übereinstimmung. Die Berechnungen erfolgten für den mit der energiedispersiven Röntgenspektrometrie erfaßbaren Elementbereich $Z \geqq 13$. Bei Elementen mit geringerer Ordnungszahl ergeben sich bereits bei der für die *Moliere*sche Vielfachstreutheorie charakteristischen Mindeststoßzahl $\nu_c = 20$ resultierende Streuwinkel, die außerhalb des Gültigkeitsbereiches der *Moliere*schen Theorie liegen.

Das entwickelte *Monte-Carlo*-Programm ermöglicht u. a. auch die Berechnung des Rückstreukoeffizienten. Die Untersuchungen dazu haben gezeigt, daß der Wert des Rückstreukoeffizienten empfindlich von der Tiefe $(\varrho z)_0$ abhängt, in der der erste Vielfachstreuakt stattfindet.

Das *Monte-Carlo*-Programm wurde für die Rechenmaschine BESM-6 in der problemorientierten Sprache FORTRAN-IV geschrieben. Für die Simulation von 1000 Elektronenbahnen ist eine Rechenzeit von ca. 10 Minuten erforderlich.

Für anregende Diskussionen und für Unterstützung bei der Durchführung der Arbeit danken die Autoren Herrn Prof. Dr. sc. nat. *G. Musiol* und Herrn Dozent Dr. sc. techn. *K. Irmer*.

Eingegangen am 5. 11. 1979

Literatur

[1] *H. E. Bishop*, Proc. phys. soc. **85** (1965) 855
[2] *K. Murata, T. Matsukawa, R. Shimizu*, Jap. Journal of Appl. Phys. **10** (1971) 678
[3] *G. Love, M. G. C. Cox, V. D. Scott*, J. phys. D. appl. phys. **10** (1977) 7
[4] *G. Moliere*, Z. Naturforschung **3a** (1948) 78
[5] *H. A. Bethe*, Handb. phys. **24** (1933) 237
[6] *M. Gryzinski*, Phys. Rev. sec. A **138** (1965) 336
[7] *R. Castaing, J. Descamps*, J. phys. Radium **16** (1955) 16
[8] *U. Schmitz, P. L. Ryder, W. Pitsch*, An Experimental Method for Determining the Depth Distribution of Characteristic X-Rays in Electron Microprobe specimens. Proc. V. Inter. Conf. x-ray optics Microanalysis, Springer-Verlag, Berlin – Heidelberg – New York, 1969, 104
[9] *S. Furuno, K. Izui*, Jap. Journal of Appl. phys. **10** (1971) 1077
[10] *T. S. Rao-Sahib, D. B. Wittry*, J. Appl. phys. **45** (1974) 5060
[11] *P. Duncumb, P. K. Shields-Mason*, Cathrine da Casa Accuracy of Atomic Number and Absorption Corrections in Electron Probe Microanalysis. 5th Int. Congr. x-ray Optics and Microanalysis, Springer-Verlag, Berlin – Heidelberg – New York, 1968, 146
[12] *W. T. Scott*, Phys. Rev. **85** (1952) 245
[13] *W. T. Scott*, Rev. mod. Phys. **35** (1963) 231
[14] *V. E. Cosslet, R. N. Thomas*, Brit. J. Appl. Phys. **15** (1964) 235, 883, 1213 and **16** (1965) 779
[15] *H. A. Bethe*, Phys. Rev. **89** (1953) 1256
[16] *R. Castaing, J. Henoc*, Proceedings of the Symposium on X-ray Optics and Microanalysis, orsay, 1965, S. 120
[17] *A. Vignes, G. Dez*, J. phys. **D1** (1968) 1309
[18] *J. D. Brown, L. Parobek*, The Sandwich Sample Technique Applied to the Atomic Number Effect. Proc. of the 6th Int. Conf. Ion X-ray Optics and Microanalysis, 1972, 163
[19] *D. B. Wittry*, in *R. Castaing, J. Descamps, J. Philibert* (ed.), X-ray Optics and Microanalysis, Paris 1966, S. 168

Untersuchungen zur thermischen Oberflächenionisation von schwerionisierbaren Elementen

I. Mitteilung: Grundlagen eines Analysenverfahrens zur Bestimmung der Isotopenhäufigkeiten des Molybdäns

S. Becker, H.-J. Dietze

(Zentralinstitut für Isotopen- und Strahlenforschung der Akademie der Wissenschaften der DDR, Leipzig)[1])

Es werden die Grundlagen für ein Analysenverfahren zur Bestimmung der Isotopenhäufigkeiten des Molybdäns beschrieben. Das Ionisationsverhalten verschiedener Molybdänverbindungen in thermischen Oberflächenionenquellen wurde mit dem Ziel, geeignete Mo-Verbindungen zu finden, mit denen sich Isotopenanalysen von Mikrogramm-Probenmengen von kleiner 1‰ durchführen lassen, untersucht.

(B11) INIS DESCRIPTORS:

dissociation; evaporation; heating; ion beams; ion sources; isotope ratio; mass spectroscopy; molecular ions; molybdates; molybdenum; surface ionization; very high temperature

Einleitung

Das allgemeine Interesse an der Präzisionsisotopenanalyse des Molybdäns wird begründet:

1. durch möglich auftretende massenabhängige Variationen der Isotopenhäufigkeiten des terrestrischen und extraterrestrischen Molybdäns, die durch natürliche Isotopenfraktionierung hervorgerufen werden [1—4], da Molybdän unter den mittelschweren Elementen eine relativ große Massenänderung (8,7% von ^{92}Mo bis ^{100}Mo) besitzt;
2. durch spezifische Massenanomalien, die durch Kernreaktionen entstanden sind. So ist z. B. die Bestimmung von Molybdän-Isotopenhäufigkeitsverhältnissen bei der Ermittlung des Abbrandes in Kernreaktoren [5, 6] von Bedeutung, oder der Nachweis eines möglichen Doppel-β-Zerfalls des ^{96}Zr könnte über die Präzisionsisotopenanalyse des Molybdäns geführt werden.

Untersuchungen zu den genannten Beispielen erfordern massenspektrometrische Methoden zur Isotopenanalytik, die Ergebnisse mit höchster Präzision (relativen Standardabweichungen: $s_{rel} < 1‰$) bei Verwendung geringster Probenmengen (< 1 µg Mo) liefern.

Die Präzisionsisotopenanalyse von gasförmigen und leichtverdampfbaren Substanzen wird mit Elektronenstoßionenquellen in Verbindung mit leitprobengebundenen Verfahren durchgeführt. Die Anwendung eines solchen Analysenverfahrens ist wegen der hohen Ionenstromstabilitäten aus einer Elektronenstoßionenquelle möglich. Eine dem Leitprobenverfahren äquivalente Methode ist bei der massenspektrometrischen Isotopenanalyse schwerverdampfbaren Probenmaterials wegen der großen Instabilitäten, der aus Feststoffionenquellen extrahierten Ionenströme und der Gefahr der wechselseitigen Beeinflussung von Probe und Standard nicht durchführbar. Von den zur Zeit zur Verfügung stehenden Ionisationsverfahren für Feststoffe — HF-Funken, thermische Oberflächenionisation, Elektronenstoß des Neutraldampfes, Ionen- oder Elektronenbeschuß, Hohlkathoden-Entladung usw. — ist die thermische Oberflächenionisation [7] am günstigsten.

Dieses Ionisationsverfahren liefert bei geringem Substanzverbrauch weitgehend blindwertfreie Massenspektren, wenn Proben- und Bandmaterial eine hohe Reinheit besitzen.

Instrumentelles

Für die Untersuchungen zum Ionisationsverhalten verschiedener Molybdänverbindungen in einer Thermionenquelle stand ein Massenspektrometer vom Typ CH6-TH der Firma Varian MAT, Bremen, zur Verfügung. Bei den thermischen Oberflächenionenquellen hat sich die Zweibandtechnik durchgesetzt, da sich mit dieser Methode die Verdampfungs- und Ionisierungsprozesse weitgehend voneinander trennen lassen. Deshalb wurde für die nachfolgend beschriebenen Messungen eine Zweiband-Ionenquelle verwendet, bei der ein Band mit Probe beschichtet als Verdampferband fungiert und am gegenüberliegenden Band — dem Ionisationsband — die thermische Zersetzung der Verbindung und die Ionisation ihrer Atome erfolgen. Als Bandmaterial fand Rhenium mit den Abmessungen 10 mm × 0,7 mm × 0,04 mm Verwendung. Die vom Ionisierungsband emittierten Ionen wurden mit einer Spannung von 3 kV in den Analysator beschleunigt und der durch den Austrittsspalt fallende Ionenstrom mit Hilfe eines Sekundärelektronenvervielfachers verstärkt und analog mit einem Kompensationsbandschreiber registriert. Die Bestimmung der Bändchentemperaturen erfolgte mit einem Strahlungspyrometer.

Alle vermessenen Molybdänverbindungen wurden aus Reinstmolybdänoxid präpariert und als wäßrige Lösung auf dem Probenbändchen eingedampft. Die Probenmenge betrug für alle Versuche zum Ionisationsverhalten 20 µg Molybdän.

[1]) Anschrift: 7050 Leipzig, Permoserstr. 15

Allgemeine Gesichtspunkte zur Isotopenanalyse

In Abb. 1 ist der gesetzmäßige Zusammenhang zwischen den Ionisierungspotentialen der Elemente des Periodensystems und ihren Ordnungszahlen dargestellt.

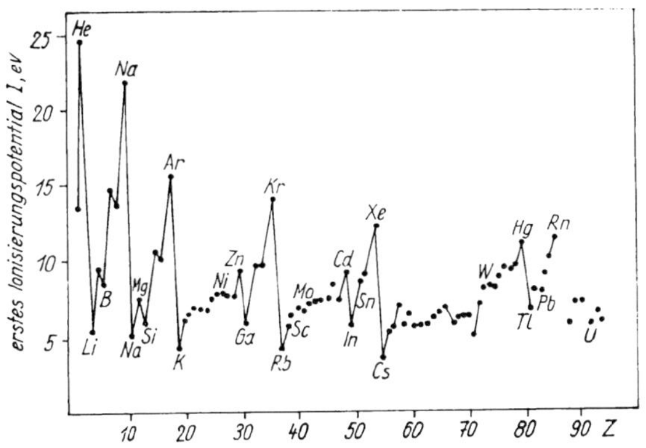

Abb. 1. Die Ionisierungspotentiale I der Elemente des Periodensystems als Funktion ihrer Ordnungszahlen Z
Bitte beachten: Links oben in der Abb. lies Ne statt Na

Die Alkalielemente mit den niedrigsten Ionisierungsenergien sind über die Methode der thermischen Oberflächenionisation am empfindlichsten nachweisbar. Für die Elemente mit einem Ionisierungspotential um 5 und 6 eV (z. B. die Erdalkalielemente, die Seltenen Erden, Uran, die Transurane und einige Elemente der 3. Hauptgruppe) lassen sich mit Thermionenquellen externe Reproduzierbarkeiten Standardabweichungen bis herunter zu 0,1 ‰ erreichen. Jedoch steigen die Schwierigkeiten für die Präzisionsisotopenanalyse von Elementen mit Ionisierungsenergien über 7 eV enorm an, was im allgemeinen mit einer Verschlechterung der externen Reproduzierbarkeiten verbunden ist. Diese Schwierigkeiten werden zum Teil durch besondere Präparationstechniken — z. B. die Emittertechnik — herabgesetzt. Sie verbessern aber nur in wenigen Fällen die Reproduzierbarkeit des Analysenverfahrens. Wie der einschlägigen Literatur zu entnehmen ist, sind die Präparationsvorschriften für die Isotopenanalyse von z. B. Bor [8], Magnesium [9], Zink [10] oder auch Blei [11] oft recht umfangreich und wenig durchschaubar.

Um einfache und effektive Probenvorbereitungsmethoden zu entwickeln, bedarf es einer genauen Kenntnis der Ionenquellenchemie und -physik. Die Kenntnis darüber, ob und in welchem Maße z. B. Redox- oder Zerfallsreaktionen bei unterschiedlichen Verbindungen in der Ionenquelle stattfinden, ist eine Voraussetzung für die Optimierung eines massenspektrometrischen Analysenverfahrens.

Die Zusammenhänge bei der thermischen Oberflächenionisation werden quantitativ über die *Saha-Langmuir*-Gleichung beschrieben:

$$\alpha = \frac{n^+}{n_0} = \frac{g^+}{g_0} \exp\left[\frac{(W - I)}{kT}\right] \tag{1}$$

$k = 8{,}6167 \cdot 10^{-5}$ eV K^{-1} — *Boltzmann*-Konstante
g^+ bzw. g_0 — statistische Gewichte der elektronischen Grundzustände von Ion und Atom

Hierbei ist der Ionisierungsgrad α, der als Verhältnis zwischen den am Ionisierungsband gebildeten Ionen n^+ und verdampften Neutralteilchen n_0 definiert ist, eine Funktion des Ionisierungspotentials I des zu messenden Elementes, der Elektronenaustrittsarbeit W der Oberfläche des Ionisationsbandes und der Bandtemperatur T.

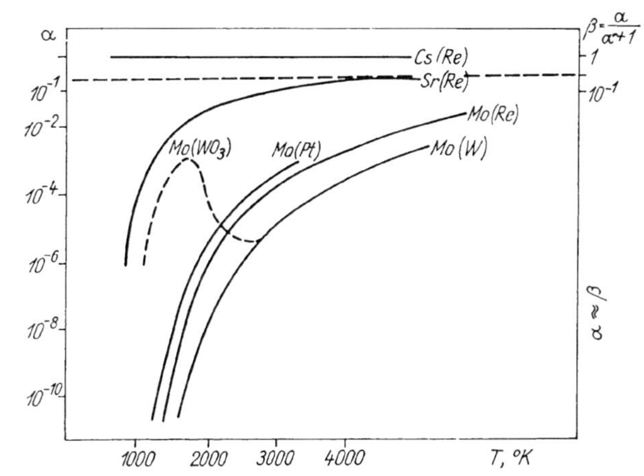

Abb. 2. Der Ionisierungsgrad α als Funktion der Ionisationsbandtemperatur T, der Ionisierungsenergie I und der Elektronenaustrittsarbeit W $\left(\text{Ionisationskoeffizient } \beta = \frac{\alpha}{\alpha + 1}\right)$

Abb. 2 vergleicht zum einen die α-Abhängigkeit von der Temperatur T für die Elemente Cäsium ($I = 3{,}89$ eV), Strontium ($I = 5{,}69$ eV) und Molybdän ($I = 7{,}18$ eV) und zum anderen den Einfluß der Elektronenaustrittsarbeit des Bandmaterials — von Wolfram ($W = 4{,}52$ eV), Platin ($W = 5{,}32$ eV) und Rhenium ($W = 5{,}11$ eV) — auf den Ionisierungsgrad α am Beispiel des Molybdäns.

Die Ionisation des Molybdäns an heißen Wolframoxidoberflächen ($W = 6{,}2$ eV) liefert einen optimalen Ionisierungsgrad von $\alpha = 8{,}2 \cdot 10^{-4}$, wenn die Temperatur des Ionisationsbandes unterhalb des Schmelzpunktes des WO_3 ($F_p = 1473$ °C, oberhalb von 1750 °C verflüchtigt sich WO_3) ausreicht, um die eingesetzte Molybdänverbindung thermisch zu dissoziieren.

Ionisationsverhalten verschiedener Molybdänverbindungen

Als Ausgangssubstanz für die Isotopenanalyse des Molybdäns wird meist das Metall [2, 4, 1] oder das Sulfid [12, 3] eingesetzt.

Der über die *Saha-Langmuir*-Gleichung berechenbare ideale Ionisierungsgrad beträgt für die Ionisation des Molybdäns an Rhenium bei einer Temperatur des Ionisationsbandes von ca. 2800 °C $\alpha = 8 \cdot 10^{-5}$. Jedoch bleiben bei der Abschätzung der zu erwartenden Ionenintensitäten die Verdampfungsprozesse, die thermische Dissoziation der eingesetzten Verbindung und gerätespezifische Parameter unberücksichtigt. Dieser Mangel läßt sich teilweise durch eine Korrektur der *Saha-Langmuir*-Gleichung beheben, indem sie um einen Term erweitert wird, der die thermischen Prozesse am Verdampferband berücksichtigt. Diese korrigierte Beziehung (2) lautet [13]:

$$\alpha = \frac{g^+}{g_0} \exp\left[\frac{W - I)}{kT_{IB}} + \frac{\Delta H_s + D}{kT_{VB}}\right]. \tag{2}$$

Hierbei sind:

ΔH_s — die Verdampfungsenthalpie der eingesetzten Verbindung

D — die Dissoziationsenergie dieser Verbindung

und

T_{IB} bzw. T_{VB} – die Temperaturen des Ionisations- bzw. Verdampferbandes.

Jedoch scheitert in vielen Fällen die Abschätzung des Ionisierungsgrades α an der Unkenntnis der entsprechenden thermodynamischen Größen.

Wegen der extremen Schwerflüchtigkeit des metallischen Molybdäns (F_p = 2622 °C; K_p = 4800 °C) bzw. des Molybdänsulfids (F_p = 1185 °C, bei höheren Temperaturen findet die Zersetzung zum Metall statt) dürfte die Molybdänisotopenanalyse unter den in der Literatur beschriebenen Bedingungen der Forderung nach kleinstem Substanzverbrauch und hoher Präzision nicht genügen.

Im Rahmen der Untersuchungen zur Auswahl einer für die massenspektrometrische Präzisionsisotopenanalyse geeigneten Molybdänverbindung wurde auch die Möglichkeit einer Isotopenanalyse über die Molekülionen des Molybdäns geprüft. Da Moleküle u. U. ein geringeres Ionisierungspotential als die entsprechenden Atome besitzen, könnten die Molekülionen höhere Ionenströme als die Atomionen liefern.

Beispiele für die Isotopenanalyse schwerionisierbarer Elemente über deren Molekülionen sind die Isotopenanalyse des Wolframs über die Wolframationen ($Na_2WO_4^+$) und die Bor-Isotopenanalyse über die Borationen ($Na_2BO_2^+$).

Der Nachteil der Analyse über die Molekülionen besteht in der notwendigen Korrektur der Isotopenhäufigkeiten bei polynukliden Begleitelementen.

Die Existenz von Molekülionen des Molybdäns wurde bisher bei der Verdampfung von Molybdänoxid aus einer *Knudsen*zelle und nachfolgender Elektronenstoßionisation [15] nachgewiesen. In Thermionenquellen findet man bei einer Temperatur des Ionisationsbandes von ca. 2300 °C MoO^+- und MoO_2^+-Ionen, die jedoch wegen ihrer geringen Intensität und Ionenstrominstabilität für die Präzisionsisotopenanalyse am Molybdän keine Bedeutung haben. Der bei gleicher Ionisationsbandtemperatur registrierte ^{98}Mo-Ionenstrom war 10mal größer (Abb. 3).

Die Molekülionen der Molybdänverbindungen werden nur während eines kleinen Temperaturintervalles beobachtet, wobei die Strahlungswärme des dem Probenband gegenüberliegenden Ionisationsbandes zur teilweisen Verdampfung der Substanz ausreicht. Bei Temperaturerhöhung findet fortschreitend die Zersetzung bis zum Metall statt.

Dagegen konnten die Molekülionen des Wolframs mit wesentlich besserer Stabilität und höherer Intensität nachgewiesen werden. Als Konkurrenzreaktion für die Bildung von einfach positiv geladenen Molekül- bzw. Atomionen können die thermische Dissoziation der Ausgangsverbindung und die damit verbundene kurzzeitige Bildung von negativen Molybdationen angenommen werden. So wurde bei der Analyse verschiedener Alkalimolybdate über den Mo^+-Ionenstrom beobachtet, daß bei Temperaturerhöhung des Verdampferbandes eine Verringerung der Mo^+-Intensität erfolgte. Normalerweise ist mit der Erhöhung der Verdampferbandtemperatur bei konstanter Temperatur des Ionisationsbandes eine Erhöhung der Ionenausbeute verbunden, da mehr Probenmaterial zum Ionisationsband dampft.

In Abb. 4 ist der Intensitätszuwachs des $^{98}Mo^+$-Ionenstromes einiger Molybdänverbindungen bei schrittweiser Temperaturerhöhung des Verdampferbandes und konstanter Ionisationsbandtemperatur aufgetragen. Aus den Ionisationskurven ist erkennbar, daß der Effekt der Bildung negativer Molybdationen, die auf der Bandoberfläche mit den Mo^+-Ionen in Ladungsaustausch treten, mit abnehmendem Ionisierungspotential des Begleitelementes wächst.

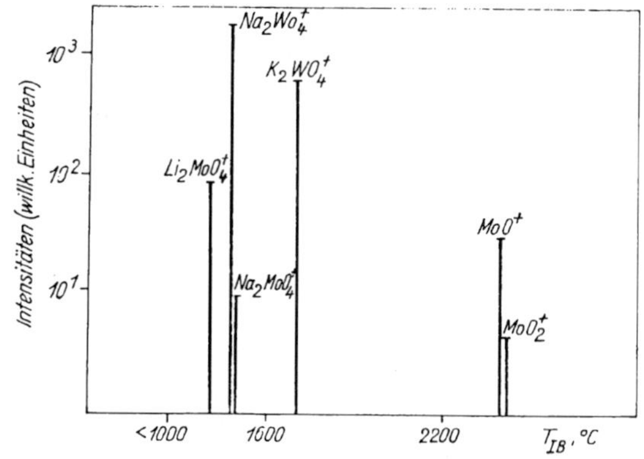

Abb. 3. Molekülionenstromintensitäten in Abhängigkeit von der Temperatur des Ionisationsbandes

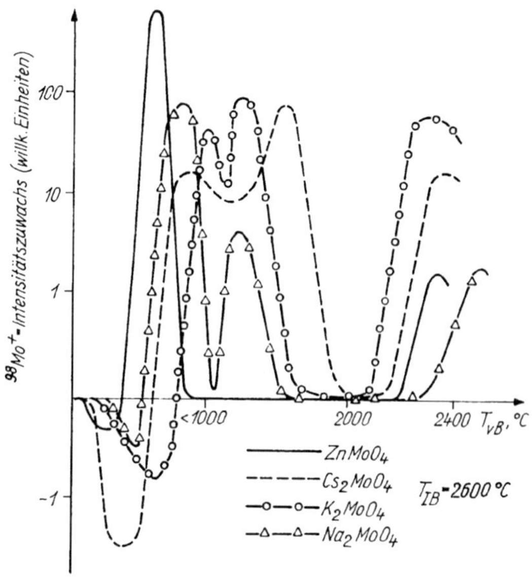

Abb. 4. Ionisationskurven verschiedener Molybdate
Bitte beachten: Statt T_{vB}, °C lies T_{VB}, °C

In Analogie hierzu wurden von *Newton* et al. [14] bei der Thermionisation in der Reihe vom Cäsium- zum Kaliumsilikat abnehmende SiO_3^--Ionenstromintensitäten registriert.

Die Stabilität der entsprechenden Molybdationen konnte am CH6 nicht untersucht werden, da z. Z. die Analyse negativer Ionen nicht möglich ist.

Sowohl aus Abb. 4 als auch aus Abb. 5 ist ersichtlich, daß von den untersuchten Verbindungen das Zinkmolybdat die höchsten Ionenstromintensitäten liefert.

Die Intensitätsmaxima in den Ionisationskurven entsprechen einer maximalen Verdampfung der Ausgangssubstanzen bzw. der in der Ionenquelle auftretenden thermischen Dissoziationsprodukte der untersuchten Molybdänverbindung.

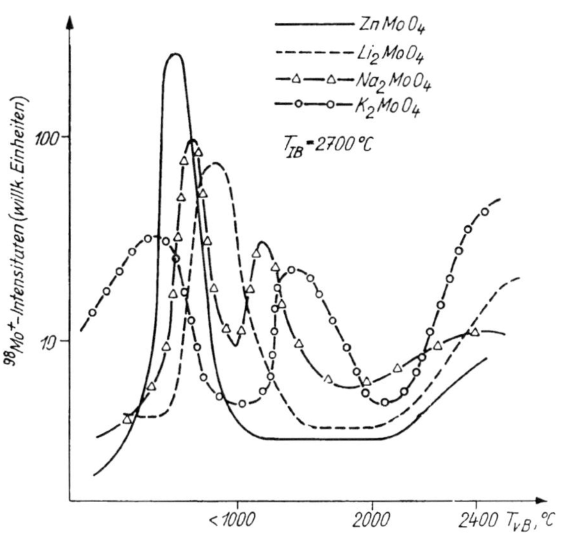

Abb. 5. $^{98}Mo^{+}$-Ionenstromintensitäten von Molybdaten in Abhängigkeit von der Verdampferbandtemperatur
Bitte beachten: Statt T_{vB}, °C lies T_{VB}, °C

Aus der Kenntnis der Ionisationskurven lassen sich auch bei teilweiser Unkenntnis der Parameter in Gleichung (2) optimale Versuchsbedingungen für die Isotopenanalyse der eingesetzten Verbindung ableiten, wenn im Bereich dieser Maxima bei stabilen Ionenströmen gemessen wird.

Die Isotopenanalyse über das Ammoniummolybdat ist wegen der hohen Flüchtigkeit dieser Verbindung nur möglich, wenn durch vorsichtiges Heizen des Ionisationsbandes ein stabiler Ionenstrom erzeugt werden kann. Verschiedentlich wird empfohlen, diese Verbindung bei hohen Ionisations- und Verdampferbandtemperaturen zu vermessen. Aber unter diesen Bedingungen ist nur ein geringer Teil — der sich zum Metall zersetzten Verbindung — auf dem Probenband verblieben. Bei Erhöhung der Substanzmenge kann, wie auch beim MoO_3, keine Verbesserung des Analysenverfahrens festgestellt werden.

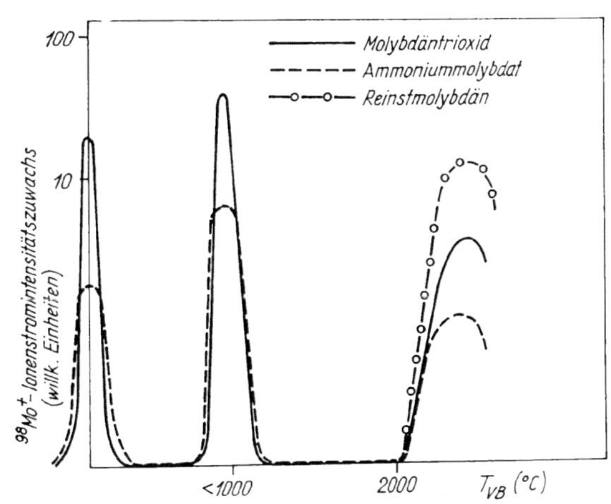

Abb. 6. Ionisationskurven des Molybdänoxids und des Ammoniummolybdates

Die Ionisationskurve des Molybdänoxids wird in Abb. 6 mit der des Ammoniummolybdates verglichen. Aus der Übereinstimmung der Lage der Maxima der Ionisationskurven ist anzunehmen, daß die Zersetzung des Ammoniummolybdates in der Ionenquelle bei steigender Ionisationsbandtemperatur über das MoO_3, über niederwertige Oxide zum Metall stattfindet.

Das erste Maximum bei nicht geheiztem Verdampferband und einer Ionisationsbandtemperatur von ca. 2000 °C entspricht einer restlichen Verflüchtigung des MoO_3. Das Ammoniummolybdat hat sich unter diesen Bedingungen schon zum Molybdäntrioxid zersetzt. Bei Verdampferbandtemperaturen über 2400 °C ist nur noch ein geringer metallischer Molybdänrest auf dem Probenbändchen verblieben. Zum Vergleich wurde in Abb. 6 die Ionisationskurve von Reinst-Molybdänmetall dargestellt.

Die Abb. 7a zeigt ein Massenspektrum des Molybdäns, wie es mit dem Scanning-Verfahren erhalten wird.

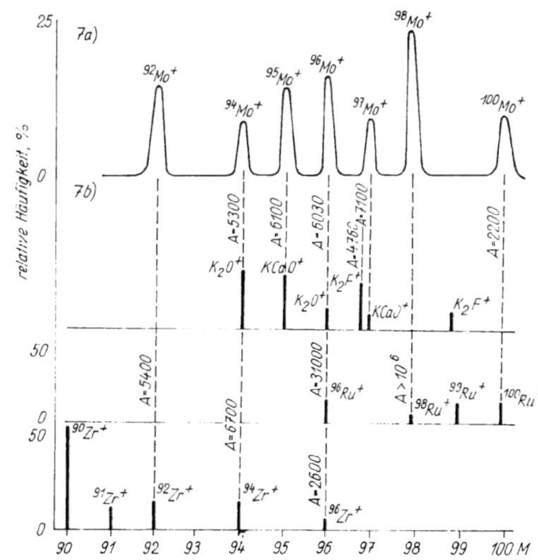

Abb. 7a. Molybdän-Isotopenspektrum b. Linienkoinzidenzen mit erforderlichem Auflösungsvermögen für die Molybdän-Isotopenanalyse

Möglicherweise auftretende Koinzidenzen sind wegen des hohen Ionisierungspotentials zwar nicht durch Ruthenium, aber durch Zirkonium zu erwarten. Da alle Zirkoniumverunreinigungen sich in der Ionenquelle zum extrem schwerflüchtigen ZrO_2 bzw. Zr-Metall zersetzen und das Ionisierungspotential des Zirkoniums um 0,3 eV unter dem des Molybdäns liegt, muß bei der Präzisionsisotopenanalyse des Molybdäns auf absolute Zirkoniumfreiheit von Proben- und Bandmaterial geachtet werden.

K_2F^+-, K_2O^+- bzw. $KCaO^+$-Koinzidenzen, die wir vor allem bei der Molybdänisotopenanalyse natürlicher Minerale fanden, können durch längere Aufheizprozesse eliminiert werden.

Außer den genannten Schwierigkeiten können bei der massenspektrometrischen Isotopenanalyse durch auftretende Massendiskriminierungseffekte [2] die absoluten Häufigkeiten der Molybdänisotope verfälscht werden. Für die Bestimmung von Isotopenhäufigkeitsverhältnissen ist es deshalb notwendig, die Massenfraktionierungseffekte entweder über einen definierten Molybdänstandard oder mit Hilfe von Mischungen isotopenreiner Molybdäntracer zu eliminieren.

Eingegangen am 4. 12. 1979

Literatur

[1] *C. M. Stevens*, Int. J. Mass Spectrom. Ion Phys. **8** (1972) 251
[2] *E. H. Tausch*, Diss. Abstr. Order No. 74-16530 V 35, N. 1214 P (1974)
[3] *G. W. Wetherill*, J. Geophys. Res. **69** (1964) 4403
[4] *V. R. Murthy*, Geochim. Cosmochim. Acta **27** (1963) 1171
[5] *K. Joon, R. den Boef, J. Haaland, D. R. Slijfhoorn, R. de Wit*, Kjeller Report KR-140 (1970): Chemical Analysis of high burn-up PuO_2 fuel
[6] *K. Goroncek, F. Pickelmayer, G. Falta*, Atomkernenergie **26** (1975) 287
[7] *C. Brunnée, H. Voshage*, Massenspektrometrie. München, Verlag K. Thiemig K.-G., 1964, 79
[8] *A. Koltschin, G. M. Pantschenkow, J. Stejny*, Kernenergie **5** (1962) 416
[9] *A. C. Daughtry, D. Perry, M. Williams*, Geochim. Cosmochim. Acta (London) **26** (1962) 857
[10] *E. A. Crouch*, in *R. M. Elliot*, Advances in Mass Spectrometry Bd. II, Pergamon Press, London 1963
[11] *B. Amov*, Izv. Fiz. Inst. Aneb. Bulgar. Akad. Nauk **13** (1965) 13
[12] *E. A. Crouch, T. A. Tuplin*, Nature **27** (1964) 1282
[13] *W. I. Ustinow, J. M. A. Artemow*, Geochimia **5** (1965) 617
[14] *D. C. Newton, J. Sanders, A. C. Tyrrell*, Nature **187** (1960) 683
[15] *E. J. Spitzer, J. R. Sites*, ORNL-3528

Untersuchungen zum Verhalten der Pt-Metalle gegenüber festen und flüssigen Kationenaustauschern mit Hilfe der Radiotracermethode

M. Knothe

(VEB Mansfeld-Kombinat „Wilhelm Pieck", Forschungsinstitut für NE-Metalle)[1])

Mit Hilfe radioaktiver Nuklide wurde die Aufnahme der Pt-Metalle aus chloridhaltigen Lösungen sowohl durch feste (Wofatit KPS) als auch durch flüssige Kationenaustauscher (Bis-2-äthylhexylphosphorsäure) bei Variation des pH-Wertes, der Vorbehandlung sowie der Edelmetallkonzentration bestimmt. Pt und Ir wurden nur geringfügig, Pd und Rh dagegen deutlich stärker adsorbiert. Beide Austauschertypen zeigten qualitativ das gleiche Verhalten. Die gefundenen Abhängigkeiten der Adsorption wurden auf das komplexchemische Verhalten der Pt-Metalle zurückgeführt. Es werden Verfahren zur schnellen radiochemischen Reinigung der benutzten Nuklide angegeben.

(B12, B13) INIS DESCRIPTORS:

adsorption; chemical preparation; ion exchange; iridium 192; iridium chlorides; liquid ion exchangers; organic ion exchangers; palladium 109; palladium chlorides; pH value; platinum 193; platinum 195; platinum chlorides; quantity ratio; rhodium 105; rhodium chlorides; solvent extraction; tracer techniques

1. Problemstellung

Die naßchemische Raffination der technisch wichtigen Pt-Metalle Rh, Pd, Ir und Pt umfaßt neben der Auftrennung der Pt-Metalle selbst auch die Entfernung anderer störender Begleitelemente. Für diejenigen Elemente, die in den zu raffinierenden, stets chloridhaltigen Lösungen als Kationen neben den anionischen Chlorkomplexen der Pt-Metalle vorliegen, ist schon vor längerer Zeit die Abtrennung mit Kationenaustauschern vorgeschlagen [1, 2] und in der Folge auch technisch realisiert worden (siehe z. B. [3, 4]). Hierbei ist im Interesse einer optimalen Raffination eine minimale Mitadsorption der Pt-Metalle anzustreben. Über den Umfang dieser Mitadsorption und deren Abhängigkeit von den Arbeitsbedingungen lagen jedoch nur unzureichenden Angaben vor [2]. Neben festen Kationenaustauschern können im Prinzip auch Solventien, wie Alkylphosphorsäuren, eingesetzt werden, da deren Extraktionsverhalten in vielen Fällen als „flüssiger Kationenaustausch" beschrieben werden kann. Daher war es von Interesse, die Extrahierbarkeit der genannten Pt-Metalle aus chloridhaltigem Medium, wobei als Extraktionsmittel Di-2-äthylhexylphosphorsäure (D2EHP) diente, zu bestimmen, da die vorliegenden Literanturangaben [5] lückenhaft waren.

2. Versuchsdurchführung

Die Untersuchungen wurden mit Hilfe der Radionuklide ^{105}Rh ($T_{1/2}$ = 36 h), ^{109}Pd ($T_{1/2}$ = 13,4 h), ^{192}Ir ($T_{1/2}$ = 74,4 d), $^{193m/195m}$Pt ($T_{1/2}$ = 4,3 bzw. 4,1 d), erhalten durch Bestrahlen metallischer Proben der jeweiligen Elemente mit thermischen Neutronen im ZfK Rossendorf (Neutronenfluß 3 bis $5 \cdot 10^{13}$ n/cm^2 s), durchgeführt. Das Entstehen unerwünschter Radionuklide, teils genetisch, teils durch Aktivierung von in den Ausgangsproben enthaltener Verunreinigungen (siehe Tab. 1), machte eine radiochemische Reinigung erforderlich, die kurz beschrieben werden soll.

^{105}*Rh*

Die bestrahlte Ru-Probe wurde gemäß *Morris* und *Khan* [6] durch Einwirken von Cl_2 und NaOH aufgeschlossen (dabei war der Aufschluß nur dann vollständig, wenn frisch reduziertes Ru [Glühen im H_2-Strom] bestrahlt worden war) und das gebildete RuO_4 durch Extraktion mit CCl_4 abgetrennt. Nach Zusatz von Rh-Träger zur wäßrigen Phase, Ansäuern und 30 min Erhitzen wurde in der Siedehitze mittels Natronlauge das Rh als Oxidhydrat gefällt, abfiltriert, ausgewaschen und mit heißer 4 M Salzsäure gelöst. Aktive Ir- und Au-Spuren wurden dann durch dreimalige Extraktion mit Tributylphosphat (TBP), Verdünner: β, β′-Dichlordiäthyläther, abgetrennt.

^{109}*Pd*

Die bestrahlte Probe wurde in Königswasser gelöst, mit etwas NaCl versetzt und dreimal mit Salzsäure zwecks Vertreiben der Salpetersäure abgedampft. Zur Abtrennung des aktiven Silbers wurde 1 ml N/10 $AgNO_3$-Lösung zugefügt, bis zum Zusammenballen des Niederschlages erhitzt und dieser sorgfältig abfiltriert. Zur Entfernung des ^{192}Ir wurde

[1]) Anschrift: 9200 Freiberg, Lessingstraße 41

Tab. 1. Entstehende Radionuklide bei der Bestrahlung von Pt-Metallproben
(in Klammern gesetzte Angaben: entstanden durch Aktivierung von Verunreinigungen)

gewünschtes Nuklid	bestrahlte Probe	Bestrahlungsdauer h	vorliegende Nuklide nach der Bestrahlung
^{105}Rh	Ru (25—50 mg)	10	$^{103/105}Ru$, ^{105}Rh (^{192}Ir, ^{198}Au)
^{109}Pd	Pd (50 mg)	0,25	^{109}Pd, ^{103}Pd, ^{111}Ag (genet.) (^{192}Ir, ^{110}Ag)
^{192}Ir	Ir (5—20 mg)	10	^{192}Ir, ^{192m}Ir, ^{194}Ir (^{110}Ag)
$^{193m/195m}Pt$	Pt (50—100 mg)	20	$^{193m/195m}Pt$, ^{197}Pt, ^{199}Au (genet.), (^{192}Ir)

anschließend die Lösung in der Siedehitze deutlich ammoniakalisch gemacht und bis zum Lösen des Pd Niederschlages erhitzt. Nach Abkühlen wurde durch vorsichtigen Zusatz von Salzsäure gelbes $[Pd(NH_3)_2Cl_2]$ ausgefällt, dieser Niederschlag abgesaugt, ausgewaschen und durch aufeinanderfolgenden Zusatz von NH_3 und Salzsäure umgefällt. Durch Verglühen erhielt man elementares Pd, das wie oben beschrieben gelöst und in Palladiumchlorid überführt wurde.

^{192}Ir

Die bestrahlte Probe wurde mit Na_2O_2 aufgeschlossen (2 g Na_2O_2; Nickeltiegel), der Schmelzkuchen mit heißem angesäuertem Wasser gelöst und die anfangs tiefblaue Lösung weitgehend eingedampft. Nach Aufnehmen mit Wasser und Filtrieren wurden störende Kationen über eine Säule mit 20 ml Wofatit KPS abgetrennt und anschließend aktive Silberspuren durch Fällung unter Zusatz von 1 ml N/10 $AgNO_3$-Lösung entfernt.

$^{193m/195m}Pt$

Das bestrahlte Platin wurde nach Zusatz von etwas NaCl durch längeres Erhitzen mit Königswasser gelöst, je 1 mg Ir- und Au-Träger (als Salze) zugefügt und dreimal mit Salzsäure abgedampft. Der Rückstand wurde mit 3 M Salzsäure aufgenommen, mit $NaClO_3$ aufoxydiert und aktive Au-Spuren durch Extraktion mit Diisopropylketon (3 × 5 ml) abgetrennt (zur vollständigen Entfernung empfiehlt es sich, diesen Extraktionsschritt nach Zugabe von frischem Au-Träger und erneuter Oxydation zu wiederholen). Nach Verkochen des Oxydationsmittels erfolgte die Abtrennung des ^{192}Ir, indem nach *Faye* und *Inman* [7] das Pt mit 15 ml 15% TBP in n-Hexan extrahiert wurde, nachdem es durch Zusatz von 800 mg NaJ in den Jodidkomplex überführt worden war. Aus der TBP-Phase wurde das Pt durch Rühren mit alkalischer Hydrazinhydratlösung reduktiv ausgefällt und durch Lösen in Königswasser mit nachfolgendem Abdampfen mit Salzsäure in H_2PtCl_6 übergeführt.

Die beschriebenen Reinigungsmethoden erlaubten es, schnell ausreichend reine Präparate herzustellen. Der Erfolg der Trennung wurde γ-spektroskopisch sowie durch Verfolgen der Halbwertszeit kontrolliert. Die Aktivitätsl messungen erfolgten mit einem NaJ(Tl)-Bohrlochkristal in Verbindung mit einem VA-M-160-Meßplatz.

Herstellung der Stammlösung: Lösungen von $RhCl_3 \times H_2O$, $H_2PdCl_4 \cdot xH_2O$, Na_2IrCl_6 und H_2PtCl_6 xH_2O (VEB Bergbau- und Hüttenkombinat „Albert Funk", Freiberg) in 0,1 M HCl wurden mit den jeweiligen radioaktiven Nukliden markiert und zwecks Sicherung der chemischen Identität zwischen Träger und aktivem Tracer mehrere Stunden unter Rückflußkühlung erhitzt. Die gewünschten Wertigkeitsstufen der Pt-Metalle wurden nach bekannten Methoden [8] hergestellt.

Durchführung der Ionenaustauscherversuche: Austauschersäulen mit 1 bis 3 ml Wofatit KPS (H^+-Form) wurden mit den jeweiligen Pt-Metallösungen erschöpfend beladen und anschließend mit Wasser bis zur Aktivitätsfreiheit der ablaufenden Lösung gewaschen. Die Bestimmung der adsorbierten Metallmenge geschah im Falle des Rh, Ir und Pt durch unmittelbares Ausmessen des Austauschers, im Falle des Pd nach vorherigem Veraschen des Harzes.

Durchführung der Extraktionsversuche: D 2 EHP lag als technisches Produkt vor und wurde gemäß *Peppard* u. a. [9] gereinigt; danach betrug der D 2 EHP-Gehalt ≧ 97% (bestimmt durch potentiometrische Titration). Extraktionsbedingungen: Phasenverhältnis 1:1, Schüttelzeit 3 min (Raumtemperatur), Phasentrennung durch Absitzen und Zentrifugieren. Bestimmung des V_k: radiometrisch durch Ausmessen von Proben der getrennten Phase. Der V_k war wie folgt definiert:

$$V_k = \frac{\Sigma\, C_{Me_0}}{\Sigma\, C_{Me_w}}$$

3. Versuchsergebnisse

Die am Austauscher KPS in Abhängigkeit vom *p*H-Wert der Aufgabelösung bestimmten Adsorptionsraten des Pd, Ir und Pt sind in Tab. 2 zusammengestellt (der *p*H-Wert wurde bei Raumtemperatur eingestellt und die Lösung nach 24 h Stehen und sorgfältigem Filtrieren eingesetzt).

Tab. 2. Adsorption der Pt-Metalle am Wofatit KPS bei Raumtemperatur
Zusammensetzung der Ausgangslösung:
$C_{Me} = 0{,}01$ M, $C_{Cl} = 0{,}1$M

*p*H-Wert der Aufgabelösung	Adsorbierter Anteil µmol Pt-Metall pro 1 ml Harz				
	Pd(II)	Ir(III)	Ir(IV)	Pt(II)	Pt(IV)
1,0–1,1	0,34	0,053	0,048	0,057	0,022
3,0–3,1	0,35	0,11	0,045	—	—
5,0–5,1	0,70	0,072	0,052	—	—
5,9	Ab *p*H > 5 Fällg. von Oxidhydraten			0,055	0,034
7,9	—	—	—	0,079	0,052
10,5	—	—	—	0,085	0,22

Im Falle des Rh ergaben sich stark schwankende Werte, wobei die Zusammensetzung der Lösungen sowie deren Vorbehandlung einen wesentlichen Einfluß hatten. So wurden aus frisch hergestellten Lösungen bis zu 10% und aus Lösungen, die gemäß [10] durch kurzzeitiges Einstellen von *p*H 11 und anschließendem Ansäuern auf *p*H 1 vorbehandelt waren, sogar ca. 95% des vorhandenen Rh vom Harz aufgenommen. Die geringste Adsorptionsrate (10 ... 30 µmol Rh/1 ml Harz) wurde bei der Beladung mit Lösungen erhalten, die vorher längere Zeit in Gegenwart eines ausreichenden Chloridüberschusses erhitzt worden waren. Die Desorption des aufgenommenen Rh war bei Raumtemperatur mit ≧ 3 M HCl möglich; in diesen Eluaten wurde als dominierende Verbindung des Rh der kationische $[Rh(H_2O)_6]^{3+}$-Komplex nachgewiesen (an Hand der Elektronenspektren und eines Vergleichs mit Literaturangaben [11]).

Tab. 3. Adsorption der Pt-Metalle am Wofatit KPS bei Übergabe konzentrierter Lösungen

Gehalte der Aufgabelösung M	adsorbierter Anteil µmol Pt-Metall pro 1 ml Harz			
	Rh(III)	Pd(II)	Ir(IV)	Pt(IV)
0,2	10	—	< 0,13–0,6	—
0,3	—	6–20	< 0,2–1,0	1,5–2,2
0,5	20–50	—	—	—
1,0	10	—	—	—

In Tab. 3 sind die Adsorptionsraten aufgeführt, die beim Beladen des Austauschers mit wesentlich konzentrierteren Metallösungen (erhalten durch weitgehendes Abdampfen salzsaurer Lösungen) gemessen wurden.

Die bei der Extraktion von 0,01 M Pd(II)-, Ir(IV)- und Pt(IV)-Lösungen im Aziditätsbereich von ca. 10^{-5} bis 12 m salzsauer mit einer 0,2 M D 2 EHP-Lösung in CCl_4 gemessenen Verteilungskoeffizienten (V_k) sind in Abb. 1 aufgetragen (die in diesem Diagramm mit < versehenen Werte lagen unterhalb der für diese Versuche geltenden Bestimmungsgrenze der V_k von 0,005 bzw. 0,001). Die Extraktionsrate der Rh(III)-Verbindungen war wiederum in starkem Maße von der Zusammensetzung der Lösungen sowie der Art der Vorbehandlung abhängig. Wurde die Rh-Lösung vorher in Gegenwart von Chloriden längere Zeit erhitzt, erhielt man die Abb. 1 aufgeführten V_k. Erhöhte man wie oben beschrieben den *p*H-Wert der Lösung auf ≧ 11

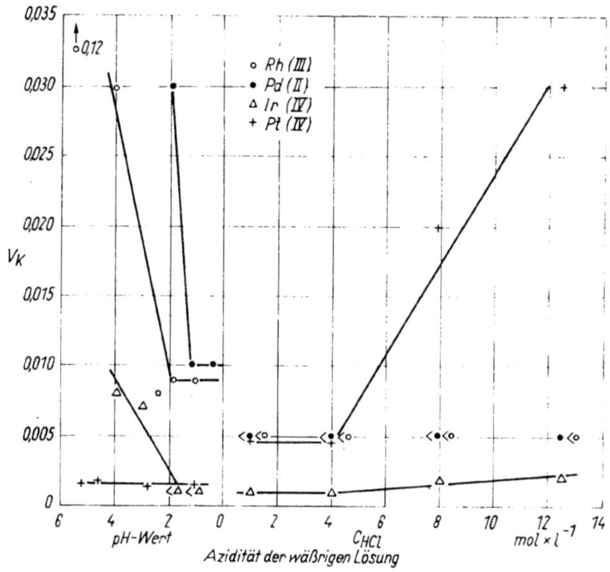

Abb. 1. Extraktion der Pt-Metalle bei variierter Azidität aus chloridhaltiger Lösung mit 0,2 M D2EHP in CCl_4

Tab. 4. Extraktion einer 0,02 M Rh-Lösung mit einer 0,2 M Lösung des Na Salzes der D2EHP in CCl_4

*p*H-Wert der WP vor Extraktion	nach	V_k
1,0	5,1	70
2,0	5,4	45
3,0	5,5	30
3,5	5,6	23
4,0	5,9	18

und stellte anschließend auf *p*H 1 bis 4 ein, wurden die V_k der Tab. 4 gemessen. (Als Solvens diente hier das Natriumsalz der D 2 EHP; dessen basischer Charakter [$pK_B \approx 10{,}8$] ist für die hohen *p*H-Werte in der wäßrigen Phase nach der Extraktion verantwortlich. Ausfällungen von Rh-Oxidhydrat wurden trotz dieser hohen *p*H-Werte nicht beobachtet). Die Extraktionsgrad hing im wesentlichen davon ab, inwieweit hierbei der kationische Rh-Komplex gebildet

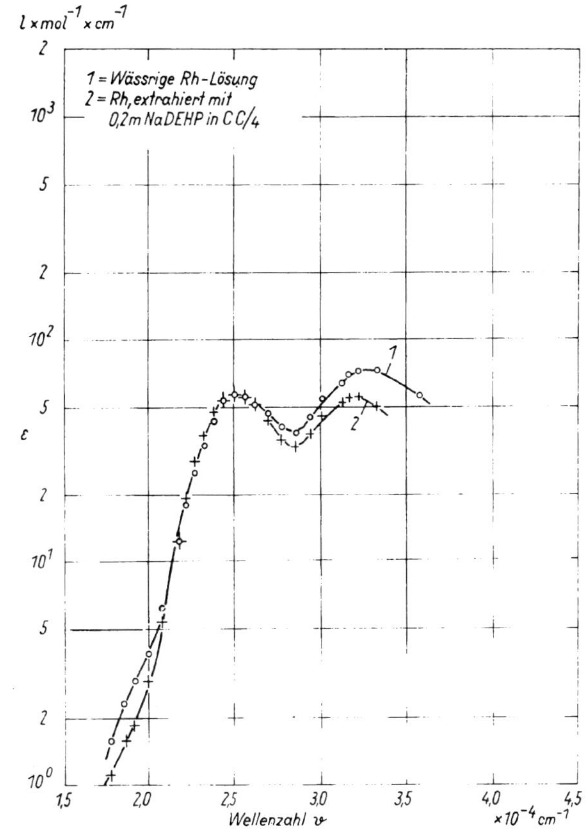

Abb. 2. Extraktion des kationischen Rh: Vergleich der Spektren des Rh in der organischen Phase und der wäßrigen Ausgangslösung

worden war. So konnten die in der wäßrigen Phase verbliebenen Rh-Anteile durch Wiederholung der obigen Vorbehandlung ebenfalls in die extrahierbare Form überführt werden. Der kationische Rh-Komplex erfuhr offenbar durch den Extraktionsschritt keine Veränderung, da die Spektren der Rh-Ausgangslösung mit denen der Rh-beladenen organischen Phase zusammenfielen (Abb. 2). Die Reextraktion erfolgte rasch und vollständig durch Behandeln mit starken Säuren (z. B. 1 M HCl, HNO_3 oder H_2SO_4).

4. Diskussion

Folgende Ergebnisse wurden erhalten:

a) Die Adsorption der Pt-Metalle aus chloridhaltigen Lösungen weist folgende Abstufung auf:

$$Rh > Pd \gg Ir \sim Pt$$

b) Nur die Aufnahme des Rh und Pd zeigt eine Abhängigkeit vom *p*H-Wert der Aufgabelösung.

c) Außer beim Rh steigt die Absorptionsrate mit wachsenden Gehalten der Aufgabelösung an.

d) Fester (KPS) und flüssiger Austauscher (D 2 EHP) weisen qualitativ das gleiche Verhalten auf.

Diese Ergebnisse lassen sich auf die Komplexchemie der Pt-Metalle zurückführen. Pt und Ir bilden kinetisch träge Chlorokomplexe, die auch bei höheren *p*H-Werten nur langsam zu adsorptionsfähigen kationischen Chloroaquokomplexen hydrolysieren. Die gefundenen, sehr niedrigen Adsorptionsraten dieser Elemente werden daher kaum auf einem Ionenaustausch, sondern eher auf einer Adsorption der großen Anionen am Harzskelett beruhen, wie es z. B. für $TlBr_4^-$ diskutiert wurde [12]. Pd dagegen bildet wesentlich labilere Komplexe, so daß bei Veränderung des *p*H-Wertes kationische Verbindungen entstehen können und so eine höhere Adsorptionsrate resultiert. Das abweichende Verhalten des Rh wird in erster Linie durch das Vorhandensein des $[Rh(H_2O)_6]^{3+}$-Komplexes in den Lösungen hervorgerufen, der auf Grund seiner dreifach positiven Ladung bevorzugt vom Austauscher aufgenommen wird. Dieser Komplex ist kinetisch bemerkenswert stabil [11], so daß einmal gebildete Anteile auch in Gegenwart eines größeren Cl^--Überschusses längere Zeit existieren können und erst durch energische Behandlung (z. B. längeres Erhitzen) in die thermodynamisch stabilen Chlorokomplexe umgewandelt werden. Daher bedürfen Rh-haltige Lösungen vor der Aufgabe auf den Kationenaustauscher einer sorgfältigen Vorbehandlung, während dies für die anderen Pt-Metalle nicht erforderlich ist. Für die Anwendung der Kationenaustauscher zur Raffination der Pt-Metalle folgt weiterhin, daß generell nur geringe Mengen der Pt-Metalle vom Austauscher aufgenommen werden. Die Mitadsorption steigt zwar mit wachsenden Gehalten der Aufgabelösung an, jedoch wird hierdurch die praktische Nutzung nicht in Frage gestellt.

Eingegangen am 23. 10. 1979

Literatur

[1] *Ch. K. Butler*, Ind. Eng. Chem. **48** (1956) 711
[2] *N. K. Pšenicyn, K. A. Gladyševskaja, L. M. Rjachova*, Žh. neorg. Khim. **2** (1957) 1057
[3] *F. S. Clements*, Ind. Chem. [London] **38** (1962) 345
[4] *H. Schiefelbein*, KDT-Mitt. [Eisleben] **1975**, 1, S. 17
[5] *T. Ishimori, E. Nakamura*, Data of Inorganic Solvent Extraction, JAERI 1047, Tokio 1963
[6] *D. F. C. Morris, M. Ali Khan*, Radiochim. Acta [Wien] **6** (1966) 110
[7] *G. H. Faye, W. R. Inman*, Analytic Chem. **35** (1963) 985
[8] *N. I. Černjaev*, Synthese komplexer Verbindungen der Pt-Metalle, Moskau 1964 (russ).
[9] *D. F. Peppard, I. R. Ferraro, G. M. Mason*, J. Inorg. Nucl. Chem. **7** (1958) 231
[10] *W. H. McNevin, E. S. McKay*, Analyt. Chem. **29** (1957) 1220
[11] *K. Swaminathan, G. M. Harris*, J. Am. Chem. Soc. **88** (1966) 4411
[12] *G. Pfrepper*, Z. Chemie **13** (1973) 67

Tracer Kinetics: On the Validity of First-Order Rate Equations

E. Winkler

(Akademie der Wissenschaften der DDR, Zentralinstitut für Isotopen- und Strahlenforschung, Leipzig)[1])

In literature we often find the statement that investigation of chemical reactions with the aid of isotopes independently from the molecular mechanism of the reactions leads to linear rate equations for the tracers, provided the system is in stationary state. This statement, which is related to the foundation of compartment theory, was doubted by Fleck (1972); his argumentation was enlarged by Norwich (1977). Another investigation of the example given by Fleck led to the result that in stationary state of the system linear rate equations are valid for tracers without limitation by tracer concentration. A possible experimental background is the investigation of chemical reactions in open biological systems. It even renders possible the use of stable isotopes.

(B12) INIS DESCRIPTORS:

bromination; bromine; bromine compounds; bromine isotopes; chemical reaction kinetics; differential equations; labelled compounds; nitrogen compounds; nitrogen oxides; tracer techniques

When biological processes are investigated by means of tracer experiments it is often suitable to interpret the experimental findings on the basis of theoretical considerations. If no detailed physico-chemical model is at hand or if there are too many processes to be modelled individually, a mathematically rather simple concept has often proved useful: the compartment theory. According to this formalism the substance the behaviour of which in the system is studied by the tracer is distributed among n compartments or pools. A compartment (or, in a narrower sense, a linear compartment) is characterized by two properties: homogeneity (the particles belonging to one compartment are taken to be indistinguishable in their behaviour) and linearity (validity of the superposition principle; the elimination of substance from a compartment is a first-order process). Therefore the behaviour of the tracer q (of the activity or the amount of tracer) in a compartment system is described by a set of linear differential equations with constant coefficients (e.g. [1]):

$$\mathrm{d}q_i/\mathrm{d}t = \sum_{j=1}^{n} k_{ij}q_j + r_{i0}(t) \qquad i = 1, 2, \ldots, n$$
$$q_i(t_0) \geqq 0 \tag{1}$$

With regard to the validity of the compartment theory two points of view are possible. One possibility is to take the compartment theory as a particular theory justified by its success in explaining experimental results. This view is correct considering the complexity of a biological system, but seems to be somwehat too formal. Another possibility is to test at least partially the validity of the compartment theory on the basis of other physico-chemical theories.

An important example is the comparison with the results of reaction kinetics so far as chemical reactions are under study. It was stated by several authors, e.g. *Rescigno* [2] (other references in [3]), that the linear equations (1) for the tracer are valid in two cases:

a) first-order reactions
b) reactions of any order if the system is in a stationary state (i.e. if the concentrations of all substances taking part in the reaction are constant).

[1]) Address: 7050 Leipzig, Permoserstr. 15

The validity of first-order rate equations for the tracer was investigated again by *Fleck* [3]. Restricting statement b) he shows by an example that also in the stationary state linear equations are not valid if two labelled molecules appear at the same side of the chemical equation, i.e. if the molecularity with respect to labelled compounds is greater than unity in any elementary step. *Norwich* [4] who gives much attention to the comparison of compartment theory with physico-chemical formalisms takes over his argumentation (with the tacit correction of an error in the equations formulated in [3]).

In the following the example given by *Fleck* [3] will be treated again. A completion of the formulations in [3] leads to the result that the conditions given above for the applicability of eq. (1) are fully valid.

Consider, as in [3], the reaction

$$2\mathrm{NO} + \mathrm{Br_2} \underset{k'}{\overset{k}{\rightleftharpoons}} 2\mathrm{NOBr} \tag{2}$$

Labelled bromine is added to the reaction system ($\mathrm{Br^*{-}Br^*}$ or $\mathrm{Br_2^{**}}$, and $\mathrm{Br^*{-}Br}$ or $\mathrm{Br_2^*}$). The resulting kinetics can be described by 5 differential equations [4]:

$$\mathrm{d}[\mathrm{Br_2^{**}}]/\mathrm{d}t = -k[\mathrm{NO}]^2[\mathrm{Br_2^{**}}] + k'[\mathrm{NOBr^*}]^2 \tag{3}$$

$$\mathrm{d}[\mathrm{NOBr^*}]/\mathrm{d}t = 2k[\mathrm{NO}]^2[\mathrm{Br_2^{**}}] - 2k'[\mathrm{NOBr^*}]^2 + k[\mathrm{Br_2^*}][\mathrm{NO}]^2 - 2k'[\mathrm{NOBr^*}][\mathrm{NOBr}] \tag{4}$$

$$\mathrm{d}[\mathrm{Br_2^*}]/\mathrm{d}t = -k[\mathrm{NO}]^2[\mathrm{Br_2^*}] + 2k'[\mathrm{NOBr^*}][\mathrm{NoBr}] \tag{5}$$

$$\mathrm{d}[\mathrm{Br_2}]/\mathrm{d}t = -k[\mathrm{NO}]^2[\mathrm{Br_2}] + k'[\mathrm{NOBr}]^2 \tag{6}$$

$$\mathrm{d}[\mathrm{NOBr}]/\mathrm{d}t = 2k[\mathrm{NO}]^2[\mathrm{Br_2}] - 2k'[\mathrm{NOBr}]^2 + k[\mathrm{NO}]^2[\mathrm{Br_2^*}] - 2k'[\mathrm{NOBr^*}][\mathrm{NOBr}] \tag{7}$$

(The concentrations without an asterisk are those of the unlabelled molecules.)

On the right-hand side of eq. (3) and (4) quadratic terms $[\mathrm{NOBr^*}]^2$ appear, which seem to indicate that the kinetics of labelled substances are not necessarily linear, even in the stationary state. This is the result obtained by *Fleck* [3]. For the linearization of the equations he gives the following conditions:

$$[\mathrm{NOBr^*}] \ll [\mathrm{NOBr}] \tag{8}$$

and

$$k[NO]^2[Br_2^{**}] \gg k'[NOBr^*]^2 \qquad (9)$$

Condition (8) can be expressed by the statement that at low concentration of the labelled molecules the reaction of two NOBr*-molecules is rather improbable so that the quadratic term can be neglected. But one should bear in mind the theoretical constraints upon such linearized equations [4].

But now the total concentrations

$$[Br_2^{tot}] = [Br_2^{**}] + [Br_2^*] + [Br_2] \qquad (10)$$

$$[NOBr^{tot}] = [NoBr^*] + [NOBr] \qquad (11)$$

are introduced into the differential equations (3) ... (7). In this way the equations for the labelled molecules can be linearized without any constraints such as (8) and (9).

Eq. (3) and (5) for the labelled bromine now read

$$d[Br_2^{**}]/dt = -k[NO]^2[Br_2^{**}] + k'[NOBr^*]^2 \qquad (3)$$

$$d[Br_2^*]/dt = -k[NO]^2[Br_2^*] + 2k'[NOBr^*] \times \{[NOBr^{tot}] - [NOBr^*]\} \qquad (12)$$

Eq. (4) for the labelled NOBr gives

$$d[NOBr^*]/dt = 2k[NO]^2[Br_2^{**}] - 2k'[NOBr^*]^2 + k[NO]^2[Br_2^*] - 2k'[NOBr^*] \times\{[NOBr^{tot}] - [NOBr^*]\} \qquad (13)$$

According to the nomenclature used in the compartment theory [5] the symbol $[q_1]$ is introduced for the concentration of labelled bromine in the molecule Br_2, and $[q_2]$ for that of labelled bromine in the molecule NOBr. As one molecule Br_2^{**} contains two labelled atoms of bromine it counts double when $[q_1]$ is calculated:

$$[q_1] = 2[Br_2^{**}] + [Br_2^*]$$
$$d[q_1]/dt = 2d[Br_2^{**}]/dt + d[Br_2^*]/dt \qquad (14)$$

The total temporal change of $[q_1]$ results from (3), (12), and (14):

$$d[q_1]/dt = -k[NO]^2\{2[Br_2^{**}] + [Br_2^*]\} + 2k'[q_2]^2 + 2k'[q_2]\cdot\{[NOBr^{tot}] - [q_2]\} = -k[NO]^2[q_1] + 2k'[NOBr^{tot}][q_2] \qquad (15)$$

that of $[q_2]$ is obtained from (13):

$$d[q_2]/dt = k[NO]^2\{2[Br_2^{**}] + [Br_2^*]\} - 2k'[q_2]^2 - 2k'[q_2]\{[NOBr^{tot}] - [q_2]\} = k[NO]^2[q_1] - 2k'[NOBr^{tot}][q_2] \qquad (16)$$

Constant total concentrations [NO] and $[NOBr^{tot}]$ give the linear differential equations with constant coefficients of the compartment theory, the coefficients being products of substance concentrations and kinetic constants. It depends on the concrete experimental situation in which way constant total concentrations can be maintained. With regard to biological tracer applications one may think of an open system in the stationary state; the rate equation (2) ... (7) would have to be completed by terms for influx and efflux, but this would not influence the solution of the problem of linearization. — If the total system is nonstationary the tracer equations remain linear in the q_i but now the coefficients are time dependent.

It should be stressed that equations (15) and (16) which are linear in the q_i were obtained without using the condition that the tracer concentration should be small against the total concentration of a substance. When radioactive isotopes are used as tracer such a condition would be fulfilled in almost every case but with the application of stable isotopes (e.g. ^{15}N) isotope abundances of some atom percent must be taken into account. Here the strict validity of the linear equations is of importance.

Received December 4, 1979

References

[1] *J. A. Jacquez*, Compartmental Analysis in Biology and Medicine: Kinetics of Distribution of Tracer-labelled Materials, Elsevier, Amsterdam 1972

[2] *A. Rescigno*, Biochim. Biophys. Acta **15** (1954) 340

[3] *G. M. Fleck*, J. Theor. Biol. **34** (1972) 509

[4] *K. H. Norwich*, Molecular Dynamics in Biosystems. The Kinetics of Tracers in Intact Organisms, Pergamon Press, Oxford 1977

[5] *G. L. Brownell, M. Berman, J. S. Robertson*, Int. J. Appl. Radiat. Isot. **19** (1968) 249

Определение микроколичеств серебра в платине методом изотопного разбавления

В. Единакова, И. Сладковска

(Пражский химикотехнологический институт, Кафедра технологии ядерного горючего и радиохимии)

В работе приводится способ определения микроколичеств серебра в платине методом изотопного разбавления при помощи субстехиометрической экстракции дитизонатов четыреххлористым углеродом. При определении серебра указанным способом не мешают ни цинк и золото в количествах на один порядок выше по сравнению с содержанием серебра, ни платина даже в большем избытке. В присутствии меди необходимо добавлять комплексон в качестве маскирующего вещества.

(B11) INIS DESCRIPTORS:

dithizone; interferring elements; isotope dilution; microanalysis; platinum; quantitative chemical analysis; silver; silver 110; silver complexes; solvent extraction; substoichiometry; tetrachloromethane

Введение

Для определения микроколичеств элементов с успехом используются радиометрические методы, которые помимо других преимуществ обладают большой селективностью. Применение субстехиометрической экстракции позволяет выделять исследуемый элемент из смеси не полностью [1], что упрощает ход анализа.

Предлагаемая работа является составной частью исследований по применению метода изотопного разбавления для определения микроколичеств некоторых металлов в платине [2].

Принцип и теоретические основы субстехиометрического выделения подробно описаны в литературе [1, 3]; условия работы более детально приведены в предыдущей работе [2].

Экспериментальная часть

Хлористоводородная кислота ч. д. а. очищалась изотермической дистилляцией. Азотная и серная кислоты были полупроводниковой чистоты. Сульфат гидроксиламина и комплексон были марки ч. д. а. Раствор дитизона приготовлялся перед началом работы разбавлением запасного раствора с концентрацией $1 \cdot 10^{-3}$М. Четыреххлористый углерод очищался дистилляцией.

Содержащий изотоп ^{110}Ag (польский продукт) в виде нитрата раствор дважды упаривался досуха с концентрированной азотной кислотой и остаток переводился в мерную колбу при помощи 0,1 М HNO_3.

Измерение активности проводилось с помощью сцинтилляционного счетчика и установки Тесла NZQ-717. Продолжительность измерения активности вибиралась таким образом, чтобы относительная погрешность была меньше или равна 1%.

Обсуждение результатов

а) *Проверка принципа субстехиометрии*

Принцип субстехиометрии проверялся экстракцией стандартного (эталонного) раствора серебра. Концентрация дитизона была $1 \cdot 10^{-5}$ М. К объему радиоизотопа добавлялась вода и серная кислота в таких количествах, чтобы исходная концентрация кислоты в образце была 0,5 М и его объем 13 *мл*. К водному раствору добавлялись 2 *мл* 20%-ного сульфата гидроксиламина. Экстракция проводилась 10 *мл* раствора дитизона. Как видно из рис. 1 при данных условиях принцип субстехиометрии действителен.

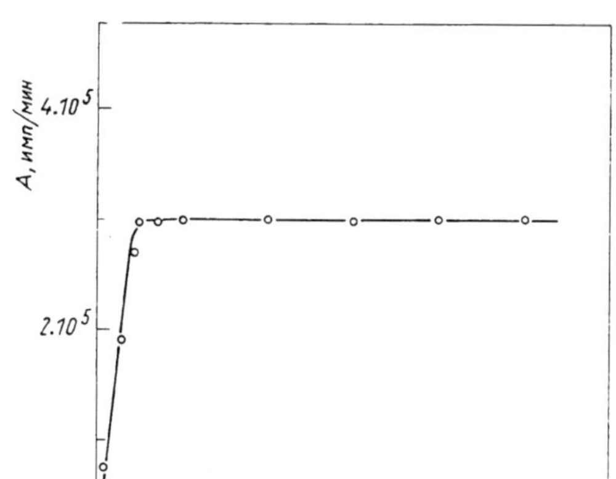

Рис. 1. Проверка принципа субстехиометрии при экстракции серебра

б) *Определение серебра в отсутствии платины*

Экстракция растворов содержащих переменное количество серебра (от 0,5 до 100 μг) проводилась раствором дитизона с концентрацией $1 \cdot 10^{-6}$ М. Результаты представленные в табл. 1 (и во всех следующих таблицах) являются, как видно, средним арифметическим из трех определений).

По данным в таблице видно, что используемый метод позволяет определить содержание серебра достаточно точно: относительная погрешность в большинстве случаев ниже 10% и среднее абсолютное отклонение равно 0,29 μг Ag. Ошибка, вызванная статистическими

Табл. 1. Определение серебра в отсутствии платины

μг Ag	найдено μг Ag	∅ μг Ag	ошибка %
0,5	0,39 0,42 0,46	0,425	17,6
1,0	0,96 0,91 0,94	0,94	6,0
1,5	1,43 1,52 1,72	1,56	2,0
5,0	4,20 4,65 4,88	4,55	9,0
10,0	9,2 9,8 8,9	9,3	7,0
30,0	28,0 26,0 22,5	25,5	15,0
100,0	87,0 96,0 105,0	96,0	4,0

флуктуациями в числе распадающихся атомов на два с половиной порядка ниже (при активностях образцов около 10^5 распадов/минуту).

в) *Определение серебра в присутствии других элементов*

Для определения серебра в сплаве, содержащем кроме платины такие примеси, как напр. медь, цинк и золото надо было прежде всего проверить влияние примесей на определение серебра по указанной методике.

Влияние цинка и платины (табл. 2) исследовалось для двух концентраций серебра (1,2 и 12 μг Ag); при этом концентрация цинка и платины была постоянной (15 μг Zn, 100 μг Pt). Одновременно исследовалось влияние комплексона, который добавлялся с целью маскировки цинка — в том случае, что цинк будет мешать при определении серебра.

Таб. 2. Определение серебра в присутствии цинка и платины

μг Ag	μг Zn	μг Pt	0,01 M компл. *мл*	найдено μг Ag	ошибка %
1,20	—	—	—	1,16	3,3
1,20	15,0	—	—	1,22	1,7
1,20	15,0	100	—	1,27	5,8
1,20	15,0	—	1,0	1,25	4,2
12,0	—	—	—	12,1	0,8
12,0	15,0	—	—	12,5	4,2
12,0	15,0	100	—	12,6	5,0
12,0	15,0	—	1,0	12,3	2,5

Из результатов видно, что цинк не мешает даже при десятикратном избытке по сравнению с содержанием определяемого серебра. Добавка комплексона излишняя. Если комплексон понадобится для маскирования других примесей, его присутствие не будет влиять на определение серебра.

Влияние платины исследовалось для смеси, содержащей кроме избытка цинка большой избыток платины (на два порядка выше по сравнению с содержанием серебра). Из результатов видно, что при этих условиях платина подобно цинку не мешает.

Табл. 3. Определение серебра в присутствии меди и платины

μг Ag	μг Cu	μг Pt	0,01 M компл. *мл*	найдено μг Ag	ошибка %
1,2	—	—	—	1,16	3,2
1,2	15,0	—	—	17,4	—
1,2	15,0	—	1,0	1,22	1,7
12,0	—	—	—	12,1	0,8
12,0	15,0	—	—	27,6	—
12,0	15,0	—	1,0	13,0	8,3
12,0	15,0	100	—	30,2	—

Влияние меди на определение серебра (табл. 3) проводилось также для двух концентраций серебра (1,2 и 12 μг Ag), концентрация меди была постоянной (15 μг). Из данных в таблице вытекает, что медь мешает при определении серебра: вычисленное по активности образцов содержание металла является суммой исходных количеств серебра и меди. В этом случае маскирование меди необходимо. В присутствии комплексона определить содержание серебра в смеси с медью достаточно точно.

Влияние платины на определение серебра исследовалось для десяти- и стократного избытка платины по сравнению с содержанием серебра. Из результатов приведенных в табл. 2, 3 и 4 видно, что платина не мешает при определении серебра. По данным в литературе [3, 5] платина не должна мешать даже при высшем чем стократном избытке.

Влияние золота (табл. 4) исследовалось при тех же условиях, как и в предыдущих случаях. Также выбор примесей был одинаковый. Из результатов видно, что золото не мешает при определении серебра.

Табл. 4. Определение серебра в присутствии золота и платины

μг Ag	μг Au	μг Pt	найдено μг Ag	ошибка %
1,20	—	—	1,16	3,3
1,20	15,0	—	1,22	1,7
1,20	15,0	100	1,18	1,7
12,0	—	—	12,1	0,8
12,0	15,0	—	12,6	5,0
12,0	15,0	100	11,5	4,2

г) *Методика определения серебра*

На основе полученных результатов предлагается следующий ход анализа.

Проба сплава платины (навеска 1—1,5 г) растворяется в небольшом количестве царской водки и раствор упаривается досуха. Добавляется несколько мили-литров конц. азотной кислоты и раствор снова упаривается досуха. К сухому остатку добавляется серная кислота в таком количестве, чтобы кислотность раствора объемом 25—100 *мл* (в зависимости от количества серебра) была 0,25 M по серной кислоте.

К 10 *мл* этого раствора добавляются 2 *мл* 20%-ного раствора сульфата гидроксиламина, 1 *мл* эталона (раствор которого содержит радиоактивное серебро с известной концентрацией неактивного Ag — носителя) и объем доводится 0,25 M H_2SO_4 до 15 *мл*. Раствор экстрагируется 10 *мл* дитизона ($1{,}10^{-6}$ M) в CCl_4 в течение 2 минут. Органическая фаза отделяется и водный раствор экстрагируется второй раз 5 *мл* раствора дитизона. Органические фазы соединяются.

Для измерения активности берется 1 *мл* соединенных органических растворов.

Одновременно проводится экстракция смеси состоящей из 1 *мл* эталона, 2 *мл* 20%-ного сульфата гидроксиламина и 12 *мл* 0,25 M серной кислоты. Экстракция проводится сначала 10 *мл* дитизона, затем 5 *мл* дитизона,. Определяется активность 1 *мл* соединенных органических растворов.

Поступила в редакцию 26/X, 1979 г.

Литература

[1] *П. Ружичка, П. Стары*, Substechiometry in Radiochemical Analysis. Pergamon Press, London 1968

[2] *И. Сладковска, В. Единакова*, Isotopenpraxis 15 (1979) 225

[3] *Ц. Любал, П. Ружичка, П. Стары*, Substechiometric Analytical Methods. Edited by Svehla from Wilson and Wilson's Comprehension Analytical Chemistry, Vol. VII, Elsevier Scient. Publ. Company. Amsterdam, Oxford, New York 1976

[4] *С. И. Гинсбург, У. А. Езерская* и др., Аналитическая химия платиновых металлов. Наука, Москва, стр. 542

[5] *В. Спевачкова*, Кандидатская диссертационная работа. Институт ядерных исследований, Ржеж у Праги 1973

Нейтронно-активационный способ получения меченых микросфер альбумина

В. М. Петриев, В. И. Степченков

(Научно-исследовательский институт медицинской радиологии АМН СССР, Обнинск)[1])

Разработан принципиально новый способ получения меченых микросфер альбумина. Сущность способа состоит во введении в микросферы стабильных элементов, способных активироваться нейтронами. При облучении микросфер, содержащих активируемые элементы, нейтронами получаются частицы с высокой удельной активностью (до 5000 мКи/г для ^{152m}Eu-микросфер), превышающую на порядок удельную активность микросфер, получаемых известными способами. Для метки микросфер разработанным способом может быть использован любой элемент, способный активироваться нейтронами. Новый способ не только расширяет перечень изотопов, которыми могут быть помечены микросферы, но и упрощает технологию получения меченого препарата и снижает уровень облучения персонала, занятого его приготовлением.

(B13) INIS DESCRIPTORS:

albumins; chemical preparation; europium 152; microspheres; neutron beams; radioactivation; radiopharmaceuticals; thermal neutrons

Способ получения меченых микросфер альбумина сыворотки крови человека, используемых в радиоизотопной диагностике, основаны на тепловой обработке раствора белка в растительном масле с последующей меткой препарата радионуклидами [1—5]. Известны также способы получения меченых микросфер альбумина, радиоактивная метка в которых вводится в момент получения препарата [3, 6, 7]. Сущность этих способов состоит в том, что сначала вводится радионуклид в раствор нативного альбумина, а затем проводится тепловая обработка белка в растительном масле с образованием меченых микросфер.

В результате наших исследований [8], при изучении функциональной зависимости активности меченых микросфер альбумина от размера частиц было установлено, что при нанесении радиоактивной метки на микросферы после их получения, активность локализована на поверхности частиц, а при введении радионуклидов в микросферы в момент их приготовления радиоактивная метка распределяется равномерно по всей массе частиц. Меченые микросферы, получаемые как первым, так и вторым способом имеют удельную активность порядка 400—600 *мКи/г*, а в некоторых медико-биологических исследованиях и при моделировании радиоактивных аэрозолей возникает необходимость в использовании микросфер более высокой удельной активности.

К недостаткам известных способов получения меченых микросфер альбумина можно отнести также: относительную сложность технологии приготовления препарата, образование больших количеств радиоактивных отходов, необходимость специальных мер

[1]) Адрес: 249020, Обнинск, Калужской обл., ул. Королева, 4

защиты персонала, занятого приготовлением препарата.

Из изложенного следует, что необходима разработка способа, позволяющего получать меченые микросферы с высокой удельной активностью, использовать для метки препарата радионуклиды с оптимальными ядерно-физическими и биологическими характеристиками и обладающего простотой технологических операций.

Ранее был разработан способ получения высокоактивных микросфер из стекла путем термического [9] или катодного [10] напыления на их поверхность элементов с высоким сечением активации с последующим облучением тепловыми нейтронами. Поэтому был предложен способ получения высокоактивных микросфер альбумина, заключающийся во введении в раствор нативного альбумина водорастворимых соединений, содержащих элементы с высоким сечением активации нейтронами, эмульгировании полученной смеси в растительном масле и тепловой обработке с последующим облучением полученных белковых микросфер тепловыми нейтронами. Подходящими соединениями для этой цели являются соли европия, лютеция, золотохлористоводородная кислота и другие. В качестве примера изложена методика получения микросфер альбумина, меченых ^{152m}Eu.

Методика

К 2 *мл* 25% водного раствора альбумина прибавляют 2 *мл* раствора азотнокислого европия с концентрацией 50 *мг/мл* по элементу. Смесь тщательно перемешивают и вводят по каплям в грушевидную колбу, содержащую 150 *мл* оливкового масла. Содержимое колбы при постоянном перемшивании нагревают в течение 40—50 минут. Скорость перемешивания реакционной смеси устанавливают в зависимости от желаемого размера частиц. После нагревания смеси до 140—150°C полученную суспензию микросфер отфильтровывают через стеклянный фультр под вакуумом, промывают маслорастворяющим растворителем до полного удаления масла и высушивают при комнатной температуре. Сухие микросферы расфасовывают, запаивают в кварцевые ампулы и облучают потоком тепловых нейтронов с плотностью $2 \cdot 10^{13}$ $см^{-2} \cdot с$ до флюэнса $7{,}2 \cdot 10^{16}$ $см^{-2}$. Под действием нейтронов изотоп ^{151}Eu переходит в ^{152m}Eu с периодом полураспада 9,2 часа.

Результаты и их обсуждение

При введении в микросферы активируемых элементов подбирается оптимальная их концентрация (не более 50 *мг/мл* по элементу), так как увеличение концентрации тяжелого металла приводит к частичной денатурации белка до введения его в растительное масло и в результате получаются частицы несферической формы (макроагрегаты). Нельзя также использовать для этой цели соли серной кислоты, так как они тоже вызывают денатурацию белка.

Количество активируемого элемента, влкючающегося в микросферы, достигает 10% от веса частиц.

Увеличение времени облучения с целью повышения удельной активности приводит к их радиационной деструкции. Облучение микросфер, содержащих европий, в течение 1 часа при флюэнсе нейтронов $3{,}6 \cdot 10^{16}$ $см^{-2}$ позволяет плучать частицы с удельной активностью до 5000 *мКи/г*, причем удельная активность микросфер может быть увеличена, если использовать обогащенные элементы.

Распределение размеров микроссфер подчиняется нормальному закону со средним радиусом, зависящим от интенсивности перемешивания реакционной смеси. Плотность микросфер, исмеренная по скорости седиментации частиц в воздухе, составляла 1,5—1,6 $г/см^2$ и зависит от вида и содержания активируемого элемента в препарате. Индивидуальная активность микросфер пропорциональна кубу их радиуса, что указывает на равномерное распределение активируемого элемента по всему объему частиц.

Таким образом, разработанный способ позволяет получать меченые микросферы альбумина высокой удельной активности, значительно расширяет перечень изотопов для метки препарата, уменьшает уровень облучения персонала, занимающегося получением микросфер, значительно снижает количество радиоактивных отходов.

Поступила в редакцию 10/X, 1979 г.

Литература

[1] *В. М. Петриев, Т. Р. Бочкова, Дж. Г. Хачиров, С. В. Серый*, Мед. радиол. **21** (1976) № 6
[2] *В. М. Петриев, Дж. Г. Хачиров, Р. И. Габуния, Т. Р. Бочкова*, Мед. радиол. **22** (1977), № 9, 29
[3] *I. Zolle, B. A. Rhodes, H. N. Wagner*, Int. J. Appl. Radiat. Isotopes **21** (1970) 155
[4] *I. Zolle, F. Hosain, B. A. Rhodes, H. N. Wagner*, J. Nucl. Med. **11** (1979) 379
[5] *B. A. Rhodes, I. Zolle, J. W. Buchanan, H. N. Wagner*, Radiology **92** (1969) 1453
[6] Pat. USA, No. 3663685 (1972)
[7] Pat. USA, No. 3663686 (1972)
[8] *В. М. Петриев, В. Н. Степченков, Дж. Г. Хачиров*, Isotopenpraxis **15** (19879) 22
[9] *В. Д. Иванов, В. И. Кириченко* ДАН СССР **188** (1969) 65
[10] *В. Н. Степченков, В. Д. Иванов, В. И. Кириченко*, Изотопы в СССР **42** (1975) 28

Radioactivity Level of Different Cinnamon Samples

P. Czeglédi[1]), *V. Cieleszky*[1]), *A. Andrási*[2]), *P. Zombori*[2])

([1]) Institute of Nutrition; [2]) Central Research Institute for Physics (KFKI) of the Hungarian Academy of Sciences)

Natural and artificial radioactivity concentrations were determined for cinnamon grown in different countries. Cinnamon samples from China, Sri Lanka and Indonesia were examined to determine their ^{40}K, ^{90}Sr, ^{137}Cs, ^{226}Ra and ^{232}Th content. The Chinese sample contained an extremely high quantity of ^{90}Sr and its ^{137}Cs content was also considerably higher than the other samples.

(C22) INIS DESCRIPTORS:

cesium 137; China; comparative evaluations; gamma spectroscopy; global fallout; Indonesia; potassium 40; radioactivity; radioassay; radioecological concentration; radium 226; spices; Sri Lanka; strontium 90; thorium 232; trees

The determination of radioactivity in foodstuffs of Hungarian and foreign origin is one of the important tasks of the Institute of Nutrition. As a result of investigations performed in cooperation with KFKI, a difference was found between the activity concentrations of cinnamons grown in different countries.

Cinnamon is the dried bark of the cinnamon-tree-classed among the lauraceae and grown in East Asia — stripped of its skin and the external humid film. This fragrant spice is grown for several years so it can cumulate the natural radioactivity of the soil and the fall-out radioisotopes partly through the root system and partly by surface absorption.

In our measurements cinnamons from China, Sri Lanka and Indonesia were examined. These cinnamons arrived in Hungary in 1977. The Chinese sample consisted of 2—4 mm thick pieces of bark which were greyish-brown outside and light brown inside. The cinnamon from Sri Lanka was tawny outside and light brown inside with a thickness of 0·2—0·4 mm. Both sides of the Indonesian cinnamon were light brown and the thickness of the pieces of bark was 1·0—1·5 mm. About 50—100 g of all samples were ashed at 450 °C. The ^{40}K content was determined from the acetate solution of the ash by separation with sodium-tetraphenyl borate using the gravimetric method [1]. The ^{90}Sr was measured on the basis of its daughter element ^{90}Y, by separating by the ^{90}Y oxalate from the ^{90}Sr—^{90}Y equilibrium state compound.

The concentration of other gamma-emitting radionuclides was measured by gamma-spectrometric method with a Ge(Li) detector. Fig. 1, 2 and 3 thow the gamma spectra of cinnamons grown in China, Sri Lanka and Indonesia, respectively. The numbers above the peaks refer to the gamma energy of the isotopes in keV.

The duration of the gamma-spectrometric measurements was 50000 s in each case. Peaks ^{40}K, ^{137}Cs and the gamma-emitting daughter elements of ^{226}Ra and ^{232}Th are observable in the spectra. During our measurements the conditions of radioactive equilibrium were assured in the case of

Anschriften: [1]) 1097 Budapest, Gyáli út 3/a, Hungary; [2]) H-1525 Budapest, P. O. B. 49, Hungary

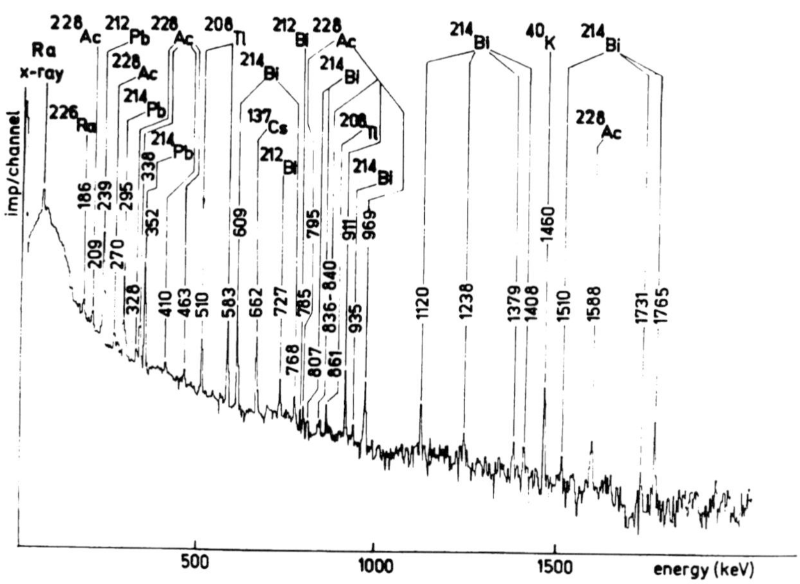

Fig. 1. Gamma spectrum of China-grown cinnamon

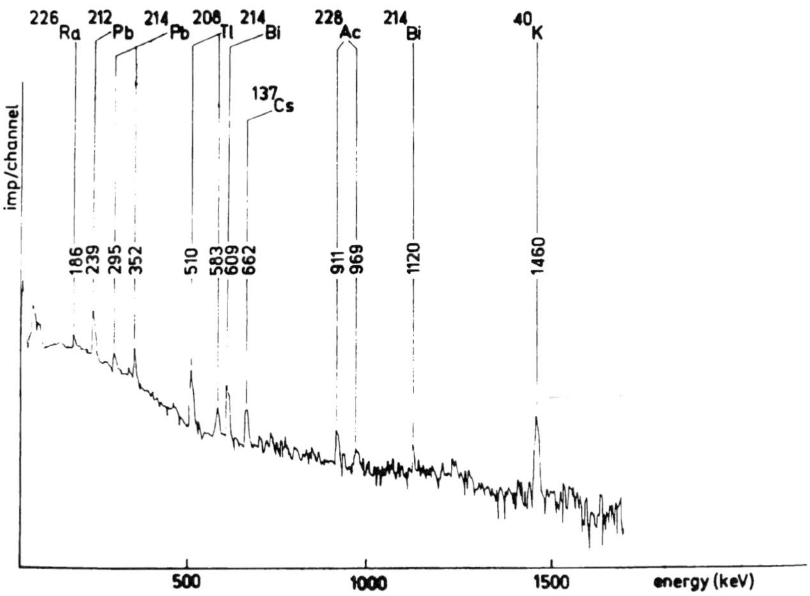

Fig. 2. Gamma spectrum of Sri Lanka-grown cinnamon

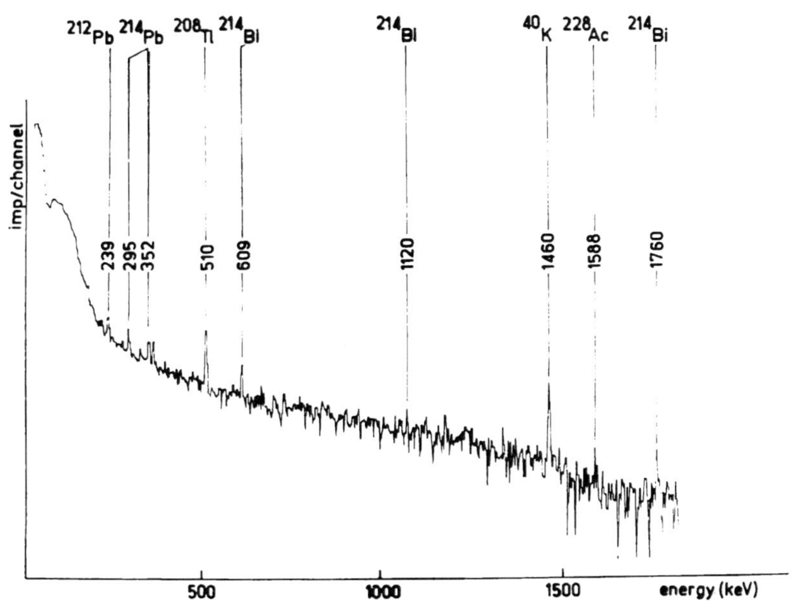

Fig. 3. Gamma spectrum of Indonesia-grown cinnamon

Tab. 1.

Isotope	Method	China Bq/kg (pCi/kg)	Sri Lanka Bq/kg (pCi/kg)	Indonesia Bq/kg (pCi/kg)
^{40}K	chemical	129 (3510)	130 (3520)	167 (4500)
^{90}Sr	chemical	929 (25100)	155 (4170)	4·1* (110)
^{137}Cs	γ-spectr.	17 (460)	6·7 (180)	< 1·1 (< 30)
^{226}Ra	γ-spectr.	48·5 (1310)	11·1 (300)	< 1·9 (< 50)
^{232}Th	γ-spectr.	54·4 (1470)	15·5 (420)	< 1·5 (< 40)

* this value is close to the detection limit so it is of informational character only

natural radioactive series; the activity concentrations of ^{226}Ra and ^{232}Th were determined from the different lines of their daughter elements.

The natural and artificial radioisotope contents of cinnamons grown in different countries are summarized in Tab. 1.

On the basis of the obtained results, it can be established that the activity concentrations for ^{90}Sr and ^{137}Cs resulting, evidently, from nuclear weapon tests are 6 times and 2·5 times higher, respectively, in cinnamon grown in China than for that grown in Sri Lanka. The Indonesian sample did not contain significant quantities of these nuclides. As for as the natural radiosiotopes are concerned, the activity concentration of ^{226}Ra is more than 4 times and that of ^{232}Th is more than 3 times as high in the Chinese cinnamon as it is in that from Sri Lanka. The samples originating from Indonesia do not contain the mentioned natural isotopes above the detection limit. The ^{40}K concentrations are similar in cinnamon samples of different origin. The error of the gravimetric potassium determination is $\pm 4\%$, and the concentration values are close to that obtained by gamma spectrometry. In the ^{90}Sr determination the error is estimated as $\pm 2\%$. The approximate uncertainty of the gamma-spectrometric measurements is $\pm 20\%$ (but much less for potassium.

Thanks are due to Dr. *M. Kurcz*, Head of Department in the "Frederic Joliot-Curie" National Research Institute for Radiobiology and Radiohygiene, for her help in the determination of ^{90}Sr. We also thank for *J. Romhányi* for technical assistance.

Received October 9, 1979

References

[1] *L. Búzás*, Magyar Kémikusok Lapja 14 (1959) 251
[2] *M. Kurcz*, Sugárvédelmi mérések I. Iszap-és talajminták ^{90}Sr radioaktivitásának meghatározása (1978)

Strahlenchemische Halogenabspaltung aus $C_2F_3Cl_3$ in Methanol

U. Prösch, L. Kolditz

(Humboldt-Universität zu Berlin, Sektion Chemie)[1])

Es wird über die Bildung von Fluorwasserstoff und Chlorwasserstoff bei der Bestrahlung von s-Trifluortrichloräthan in Methanol berichtet. Die Halogenwasserstoffbildung stellt sich als Kettenreaktion dar, wobei die Abspaltung von Chlor aus dem Fluorchlorkohlenwasserstoff gegenüber der Fluorabspaltung stark begünstigt ist und demgemäß bedeutende Unterschiede der Halogenwasserstoffausbeuten gefunden werden.

(B14) INIS DESCRIPTORS:

chemical reaction kinetics; cobalt 60; G value; gamma radiation; hydrochloric acid; hydrofluoric acid; methanol; organic chlorine compounds; organic fluorine compounds; radiation doses; radiolysis

1. Einleitung

Bei der Radiolyse von reinem $CF_2ClCFCl_2$ (Bezeichnung: s-R 113) wird die primäre Abspaltung eines Halogenatoms von der C-X-Bindungsenergie stark beeinflußt. Nach *Tominaga* [1] und übereinstimmenden Befunden von uns [2] entsprechen 85% der gesamten Bindungsspaltungen Chloratomfreisetzungen, und nur mit einem Anteil von 1,7% wird die C-F-Bindung gebrochen.

Die unterschiedliche strahlenchemische Reaktivität der Halogene in Fluorchlorkohlenwasserstoffen sollte sich bei sekundärem Angriff des Moleküls durch strahleninduzierte Fremdradikale noch deutlicher ausprägen.

In einem Mischsystem Halogenkohlenwasserstoff/Alkohol laufen nach *Spinks* und *Wood* [3], wie auch kürzlich wieder von *Ogura* [4] für CH_2X_2/CH_3OH bestätigt, Kettenreaktionen des folgenden Typs ab:

$$CH_3OH \rightarrow {}^{\cdot}CH_2OH + H^{\cdot} \quad (1)$$

$${}^{\cdot}CH_2OH + R_nCX_{4-n} \rightarrow CH_2O + R_n{}^{\cdot}CX_{3-n} + HX \quad (2)$$

$$R_n{}^{\cdot}CX_{3-n} + CH_3OH \rightarrow {}^{\cdot}CH_2OH + R_nCX_{3-n}H \quad (3)$$

Die kettenbildende Reaktionsfolge könnte für s-R 113 lauten:

$${}^{\cdot}CH_2OH + C_2F_3Cl_3 \rightarrow CH_2O + {}^{\cdot}C_2F_3Cl_2 + HCl \quad (4)$$

$${}^{\cdot}C_2F_3Cl_2 + CH_3OH \rightarrow C_2F_3Cl_2H + {}^{\cdot}CH_2OH \quad (5)$$

aber unter Umständen auch:

$${}^{\cdot}CH_2OH + C_2F_3Cl_3 \rightarrow {}^{\cdot}C_2F_2Cl_3 + CH_2O + HF \quad (6)$$

$${}^{\cdot}C_2F_2Cl_3 + CH_3OH \rightarrow C_2F_2Cl_3H + {}^{\cdot}CH_2OH \quad (7)$$

Die strahlenchemische Halogenwasserstoffabspaltung in s-R 113/CH_3OH-Gemischen wurde unter diesem Gesichtspunkt untersucht.

Experimentelles

Jeweils 20 ml s-R 113/Methanol wurden in einem gläsernen Bestrahlungsfgefäß 10 min mit Reinststickstoff gespült. Das Bestrahlungsgefäß wurde anschließend mit einer Schlauchbrücke verschlossen. In einem ^{60}Co-Kleinstrahlungsgerät wurde die Bestrahlung bei einer Dosisleistung von 1,48 Gy/min vorgenommen. Nach Bestrahlungsende wurde das Bestrahlungsgefäß mit Wasser durchgespült, wobei der Auslauf zugleich in eine Vorlage mit Wasser getaucht wurde, um die Halogenwasserstoffverluste klein zu

[1]) Anschrift: 1040 Berlin, Hessische Straße 1–2

halten. Die Chloridbestimmung erfolgte potentiometrisch mit eingestellter Silbernitratlösung. Ein Blindwert des unbestrahlten Systems wurde berücksichtigt. Die Fluoridbestimmung wurde mit einer ionenselektiven Fluoridelektrode vorgenommen, die bei den experimentell vorliegenden Chloridionenkonzentrationen keine Störungen zeigte. Für die Messungen wurde die Elektrode im Bereich von $3 \cdot 10^{-3}$ bis $3 \cdot 10^{-6}$ mol/l Fluorid empirisch geeicht (wobei Methanol und R 113 entsprechend den Bestrahlungsbedingungen zugegen waren).

Ergebnisse

In Abb. 1 ist die Chlorwasserstoffausbeute in Abhängigkeit vom Molenbruch des R 113 dargestellt. Die Ausbeuten liegen deutlich im Bereich von Kettenreaktionen und zeigen trotz verhältnismäßig großer Schwankungsbreite einen annähernd linearen Rückgang mit dem R 113-Gehalt der Gemische. Da nicht die Summe der primären Radikale, sondern der Ablauf wechselseitiger Radikalmolekülreaktionen die Ausbeute bestimmt, wird keine lineare Abhängigkeit vom Elektronenbruch, sondern vom Molenbruch beobachtet.

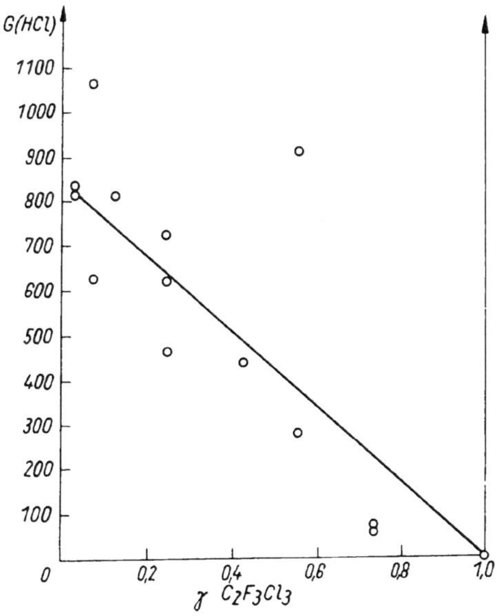

Abb. 1. Chlorwasserstoffausbeuten bei der Bestrahlung von Methanol/$C_2F_3Cl_3$-Mischungen in Abhängigkeit vom Molenbruch

Die Ausbeuten sind in ihrer absoluten Größe noch von der Präzision des Luftausschlusses und der verlustfreien Überführung des Halogenwasserstoffes in die Titrierlösung abhängig. Bei Bestrahlungen unter ständigem stationären Stickstoffüberdruck im Bestrahlungsgefäß konnten bei einem Molenbruch $\gamma = 0{,}07$ maximale Ausbeuten $G(HCl) = 1810$ erreicht werden. In Gegenwart von Luftsauerstoff sinkt die Ausbeute auf $G(HCl) = 28{,}4$ ab, wie Tab. 1 ausweist. Somit können die in Abb. 1 für luftfreie Lösungen angegebenen Werte als untere Grenzen angesehen werden.

Eine gewisse Veränderung der Ausbeuten könnte erwartet werden, wenn das Methanol gemäß der Vorschrift von *Imamura* [5] behandelt wird.

Die Ausbeute an Fluorwasserstoff wurde in CH_3OH/R 113-Mischungen des Molenbruches $\gamma = 0{,}07$ geprüft. Wie

Tab. 1. Strahlenchemische Chlorwasserstoffausbeute in lufthaltigen Mischungen von $CH_3OH/C_2F_3Cl_3$ im Volumenverhältnis 8:2

Bestrahlungszeit h	$c_{Cl^-} \cdot 10^4$ mol/l	$G(Cl^-)$
2	8,25	30,6
2	7,79	27,9
15,5	40,3	27,9
15,5	36,5	25,1
15,5	43,3	30,3
		MW: 28,4

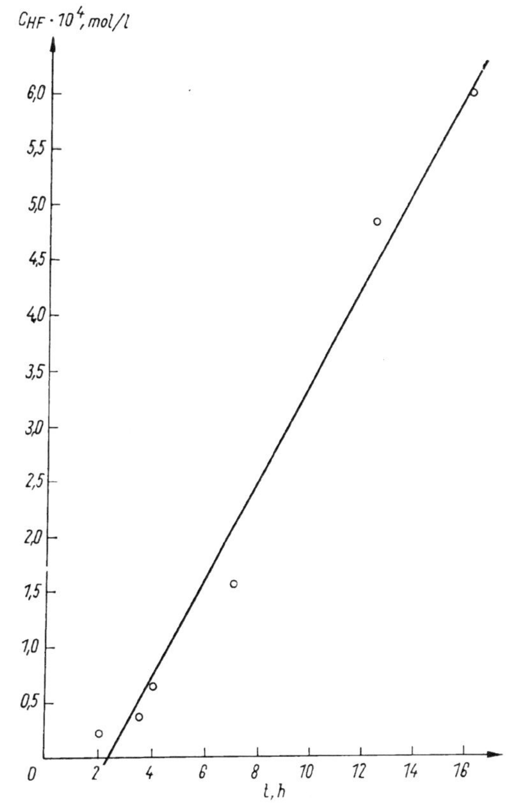

Abb. 2. Fluorwasserstoffkonzentration in einer Methanol/$C_2F_3Cl_3$-Mischung (Volumenverhältnis 8:2) in Abhängigkeit von der Strahlendosis

Abb. 2 zeigt, steigt die Fluoridkonzentration zwischen 2 und 16 h Bestrahlungszeit linear mit der Dosis an. Ob eine Induktionsperiode vorliegt, konnte experimentell noch nicht genügend gesichert werden. Aus dem Geradenanstieg ergibt sich die strahlenchemische Ausbeute $G(F) = 5{,}3$. Sie liegt über dem Wert der C-F-Spaltung in reinem R 113 von 0,4. In Anbetracht der beim Molenbruch $\gamma = 0{,}07$ bereits zu vernachlässigenden direkten Strahlenwirkung besteht die Wahrscheinlichkeit eines Reaktionsablaufes nach (6) und (7).

Der Gesamtreaktionsmechanismus für das vorliegende System kann bezüglich des Kettenstarts durch die folgen-

den Teilreaktionen präzisiert werden:

$$CH_3OH \rightarrow CH_3OH^+ + e^-_{solv} \quad (1a)$$

$$CH_3OH^+ + CH_3OH \rightarrow CH_3OH_2^+ + {}^{\cdot}CH_2OH \quad (1b)$$

$$e^-_{solv} + C_2F_3Cl_3 \rightarrow Cl^- + {}^{\cdot}C_2F_3Cl_2 \quad (1c)$$

$$H^{\cdot} + CH_3OH \rightarrow H_2 + {}^{\cdot}CH_2OH\,, \quad (1d)$$

woraus hervorgeht, daß die primären Spezies $H^{\cdot}$ und e^-_{solv} ($G_H = 1{,}7$; $G_{e^-} = 2{,}0$ in CH_3OH) in methanolreichen Mischungen unmittelbar zur Bildung der Kettenträger beitragen.

Als Abbruchreaktion ist daher vorzugsweise die Kombination anzusehen:

$$2\,{}^{\cdot}CH_2OH \rightarrow CH_3OH + CH_2O \quad (8)$$

Für die Radikale ${}^{\cdot}CH_2OH$ stellt sich nach diesem Mechanismus eine stationäre Konzentration ein. Bei den gewählten Bestrahlungszeiten und der gegebenen Dosisleistung bleibt die Konzentration des R 113 bis Bestrahlungsende praktisch konstant.

Demzufolge kann angesetzt werden:

$$G(HCl) \cdot P_D = \frac{d[HCl]}{dt} = k_4 \cdot [{}^{\cdot}CH_2OH] \cdot [C_2F_3Cl_3]$$

$$G(HCl) = K \cdot k_4$$

Analog gilt:

$$G(HF) \cdot P_D = k_6 \cdot [{}^{\cdot}CH_2OH] \cdot [C_2F_3Cl_3]$$

$$G(HF) = K \cdot k_6$$

Aus dem Ausbeuteverhältnis für $\gamma = 0{,}07$ folgt das Verhältnis der Geschwindigkeitskonstanten:

$$\frac{G(HCl)}{G(HF)} = \frac{800}{5{,}3} = \frac{k_4}{k_6}$$

Die Spaltung der Halogenbindung durch ${}^{\cdot}CH_2OH$-Radikale steht somit im Verhältnis der Geschwindigkeitskonstanten:

$$k_{(C-F)} = 6{,}6 \cdot 10^{-3} \cdot k_{(C-Cl)}$$

Die unterschiedliche Reaktionsbereitschaft der Halogene in einem Fluorchlorkohlenwasserstoff wird erwartungsgemäß bestätigt, doch erweist es sich auch auf der Stufe sekundärer Radikalreaktionen, daß der Angriff auf die Fluor-Kohlenstoffbindung nicht vernachlässigt werden darf.

Für die Nutzungsmöglichkeit und Beratung bei der Anwendung der elektrochemischen Fluoridbestimmung danken wir *D. C. Bechstein*. Experimentelle Untersuchungen wurden durchgeführt von cand. chem. *E. Seidel*, *E. Lange* und *D. Sturm*.

Eingegangen am 24. 10. 1979

Literatur

[1] *T. Tominaga, T. Aoyama, Y. Makide*, Radiochem. Radioanalyt. Letters 28 (1977) 27

[2] *U. Prösch, U. Westfahl, L. Kolditz*, Isotopenpraxis, in Vorbereitung

[3] *J. Spinks, R. Wood*, An Introduction to Radiation Chemistry J. Wiley Sons, New York (1964)

[4] *H. Ogura, T. Fujimura, T. Unnai, M. Kondo*, Bull. Chem. Soc. Japan 48 (1975) 1631

[5] *M. Imamura, S. Choi, N. Lichtin*, J. Amer. Chem. Soc. 85 (1963) 3565

Tagungsberichte

6. Europäisches Kolloquium über Geochronologie, Kosmochronologie und Isotopengeologie vom 3.–6. Sept. 1979, Lillehammer (Norwegen)

Vom 3.–6. September 1979 fand in Lillehammer (Norwegen) das 6. Europäische Kolloquium über Geochronologie, Kosmochronologie und Isotopengeologie (ECOG VI) statt.

In den letzten Jahren hat die Anwendung der Methoden der Altersbestimmung und Isotopengeologie in immer stärkerem Maß Eingang in die geologische Forschung und Praxis gefunden. Dies spiegelte sich auch in der Thematik dieser Tagung wider. Von den insgesamt 90 gehaltenen Vorträgen befaßten sich allein 60 Vorträge mit den speziellen Problemen der Altersdatierung in der Geologie. Weiterhin wurde über Probleme und neueste Ergebnisse der Isotopengeologie vorgetragen. Die Vorträge wurden in zwei Parallelsektionen gehalten. So hatten die Teilnehmer die Möglichkeit, entsprechend ihrem Interessengebiet die Vorträge auszuwählen.

In Hinblick auf den Tagungsort war eine größere Anzahl von Arbeiten den geologischen Problemen Nordeuropas gewidmet.

Zur Klärung geologischer und geochemischer Fragestellungen wurden die Isotopenvariationen der leichten Elemente, insbesondere die des Wasserstoffs, des Sauerstoffs, des Kohlenstoffs, des Schwefels und des Neons herangezogen. Auch auf dieser Tagung wurde wie auf anderen analogen wissenschaftlichen Veranstaltungen sichtbar, daß in zunehmendem Maß an einem geologischen Objekt die Isotopenzusammensetzungen mehrerer Elemente untersucht werden, um zu weitergehenden Interpretationsmöglichkeiten und sichereren Aussagen in der Geologie und Geochemie zu gelangen. Auf dieser Tagung wurden vorwiegend Ergebnisse vorgestellt, die auf der Anwendung der Kombinationen von D/H und $^{18}O/^{16}O$ sowie von $^{18}O/^{16}O$ und $^{87}Sr/^{86}Sr$ basierten.

Unter Berücksichtigung der Tatsache, daß gleichzeitig in der BRD eine Tagung zu Problemen der Kosmochronologie stattfand, wurden auf dem ECOG VI diese Fragen nicht behandelt. Auch Probleme der organischen Isotopengeochemie fanden auf dieser Tagung keine Berücksichtigungung.

G. Stiehl

Eingegangen am 31. 1. 1980

Informationen

IAEA/Österreich. Mitte Januar 1980 wurde in Wien ein Abkommen zwischen der Internationalen Atomenergie-Agentur (IAEA), den USA und Jugoslawien zur Versorgung des Forschungsreaktors TRIGA Mark II im Jozef-Stefan-Institut in Ljubljana, Jugoslawien, unterzeichnet.

Dieses Abkommen ist das vierte, das Jugoslawien mit Hilfe der IAEA abgeschlossen hat, um die ständige Versorgung eines Forschungsreaktors mit nuklearem Brennstoff sicherzustellen. Das Abkommen bezieht sich auf die Weitergabe von 1372 Gramm auf 70% angereichertem Uran.

Der Forschungsreaktor und der gesamte dafür gelieferte Brennstoff stehen unter der Sicherheitskontrolle der IAEA. Das Sicherheitskontrollabkommen mit der IAEA, das Jugoslawien im Mai 1972 als Mitglied des Kernwaffensperrvertrags unterzeichnet hat, trat im Dezember 1973 in Kraft.

DDR. Neue Reports des Staatlichen Amtes für Atomsicherheit und Strahlenschutz der DDR (SAAS):

SAAS-249: Radiological Safety and Waste Management (Papers presented during a Study Tour through the German Democratic Republic organized by the International Atomic Energy Agency, 8–13 October 1978):

- Legal regulations for packagings of radioactive materials and test methods for such packagings (*W. Birkigt* u. a.);
- 9-m-drop testing of transport packagings for radioactive and fissile materials (*R. Diersch*);
- Thermal safety evidence for radioactive material transport packagings (*F. Nitsche, M. Weiss*);
- Problems in the transport of spent nuclear fuel (*F. Nitsche* u. a.).

SAAS-251: Zur Entwicklung des internationalen Atomhaftungsrechts (Development of International Law Governing Nuclear Liability – *G. Iffländer, G. Kantner*).

SAAS-252: Wirkung ionisierender Strahlung auf Proteine in vitro. I. Strahleninduzierte Veränderungen an LDH (Effect of Ionizing Radiation on Proteins in vitro. I. Radiation-induced Alterations of LDH – *J. Hähn* u. a.).

DDR. Der Leipziger Kommissions- und Großbuchhandel (LKG), 7010 Leipzig, Postfach 520, bietet unter der Rubrik „Das importierte Buch" das 1976 in der siebenten (unveränderten) Auflage unter der Redaktion von *A. A. Leping* und *N. P. Strachowa* im Verlag „Russische Sprache", Moskau (UdSSR) erschienene Wörterbuch Deutsch–Russisch an. Es enthält etwa 80000 Stichwörter sowie im Anhang folgende Verzeichnisse: Geographische Eigennamen; in der deutschen Sprache häufig verwendete Abkürzungen; Tabelle für die deutsche Transkription russischer Namen und Bezeichnungen nach dem System von Prof. *Steinitz*.

Der Preis des Wörterbuchs beträgt 24,90 M. Bestellungen können über Buchhandlungen oder beim LKG erfolgen.

DDR. Der Leipziger Kommissions- und Großbuchhandel (LKG), 7010 Leipzig, Postfach 520, bietet unter der Rubrik „Das importierte Buch" das 1976 in der siebenten (verbesserten und ergänzten) Auflage erschienene Wörterbuch „Russisch–Deutsch" an, das unter der Redaktion von *E. I. Leping* und *N. P. Strachowa* sowie *K. Leyn* und *R. Eckert* (beide Karl-Marx-Universität Leipzig) vom Verlag „Russische Sprache", Moskau (UdSSR), zusammen mit dem Brücken-Verlag, Düsseldorf (BRD), herausgegeben wurde.

Das Hauptanliegen bei der Vorbereitung der vorliegenden Auflage war es, den Wortbestand der modernen russischen und deutschen Sprache mit ausreichender Vollständigkeit zu repräsentieren. In das Wörterbuch wurden die im letzten Jahrzehnt aufgekommenen und gegenwärtig aktuellen Neuwörter und Neubedeutungen aufgenommen. Auch in den früheren Ausgaben nicht berücksichtigte Wörter aus dem lexikalischen Grundbestand sind in der jetzigen Auflage nachgetragen worden. Die Bedeutungen polysemantischer Wörter wurden ergänzt. Aufgenommen wurden weiterhin Wortverbindungen und phraseologische Einheiten, ohne die der Gebrauch des jeweiligen Stichworts schwer zu verstehen ist. Das Wörterbuch enthält gleichfalls neue Fachtermini und terminologische Wortverbindungen, in denen sich die Entwicklung verschiedener Bereiche der Wissenschaft und Technik niederschlägt und die in der Presse und im populärwissenschaftlichen Schrifttum weit verbreitet sind. Nur in engen Spezialbereichen gebräuchliche Fachtermini wurden nicht aufgenommen. Völlig überarbeitet wurde das Verzeichnis der geographischen Namen, wodurch der Entstehung neuer Staaten Rechnung getragen wurde. Als Anlagen enthält das Wörterbuch ferner ein Verzeichnis der gebräuchlichsten in der Presse vorkommenden russischen Abkürzungen sowie die Transkriptionstabelle der russischen Namen und Begriffe nach Prof. *Steinitz.*

Mit seinen rund 53000 Stichwörtern handelt es sich bei der vorliegenden Auflage um das vollständigste von allen bisher in der UdSSR und im Ausland erschienenen russisch-deutschen Wörterbüchern.

Der Preis beträgt 25,20 M. Bestellungen nehmen Buchhandlungen oder der LKG entgegen.

Schweiz. Die seit 1976 tätige Expertengruppe für Personendosimetrie der Eidgenössischen Kommission für Strahlenschutz hat den Bericht „Strahlenbelastung und Dosimetrie der beruflich strahlenexponierten Personen in der Schweiz im Kalenderjahr 1978" veröffentlicht. Als beruflich strahlenbelastet gelten Personen, die bei der Ausübung ihrer beruflichen Tätigkeit oder bei ihrer Ausbildung eine akkumulierte Dosis von mehr als 0,5 rem/a erhalten können.

Im Bericht wird festgestellt, daß im Vergleich zu den Jahren 1976 und 1977 bei steigender Zahl der beruflich strahlenexponierten Personen (1976: 30825; 1977: 33012; 1978: 38072) die Summe der akkumulierten Dosen aller Personen nahezu unverändert geblieben bzw. gefallen ist (1976: 2349 man/rem; 1977: 2373 man/rem; 1978: 2140 man/rem). 35700 Personen (93,8%) haben Dosen unter 200 mrem/a absorbiert, 1350 Personen (3,5%) akkumulierten Dosen zwischen 200 und 500 mrem/a, was etwa der natürlichen Dosis entspricht, die die Bevölkerung bestimmter Alpentäler aufnimmt, und Dosen über 500 mrem/a wurden von etwa 1000 Personen (2,7%) absorbiert. Die statistischen Erhebungen haben ergeben, daß der Dosisbeitrag aus Inkorporationen auffallend gering ist. Dosisüberschreitungen wurden bei weniger als 0,03% der erfaßten Personen festgestellt. Von den 10 gemeldeten Fällen stammen 7 aus dem Bereich der Nuklearmedizin, 2 aus dem Bereich der Materialprüfung und einer ereignete sich an einem Forschungsreaktor.

UdSSR. Nummer 12/1979 der Zeitschrift „Atomnaja Energija“ enthält u. a. folgende Beiträge:

Mathematische Modellierung von Extraktionsprozessen zur Wiederaufarbeitung bestrahlter Kernbrennstoffe. 7. Trennung von Makromengen Plutonium und Uran durch Verdrängungs-Rückextraktion von Plutonium bei der Wiederaufarbeitungstechnologie von Brennstoff schneller Reaktoren (Teil 1) (*E. W. Renard, M. J. Selwenski*);
Methodik der massenspektrometrischen Isotopenanalyse von bei der Kernspaltung entstehendem Xenon (*J. A. Schukoljukow* u. a.);

Kurze Originalmitteilungen:

Einige Aspekte der Anwendung der Tieftemperaturbestrahlung bei der Neutronenaktivierungsanalyse biologischer Materialien (*L. M. Mosulischwili, N. J. Kutschawa*);
Optimierung eines Sondengeräts für die selektive Gamma-Gamma-Karottage (*D. W. Galimbekow, B. J. Luchminski*);
Zur Winkelverteilung der Dosisleistung von Gammastrahlung bei großer Eindringtiefe (*N. L. Kutschin* u. a.);
Einige Besonderheiten der Spektren verzögerter Neutronen (*B. P. Maksjutenko* u. a.);
Neue Daten über den Alphazerfall von ^{242m}Am (*S. A. Baranow* u. a.);
Neue Messungen der partiellen Halbwertszeiten des isomeren Zustandes ^{242m}Am (*A. G. Selenkow* u. a.);
Ein Generator für „heiße“ Neutronen mit einem Rethermalisator aus Zirkonhydrid (*B. G. Polosuchin* u. a.);
Einfluß des Segregationseffektes bei Uranerzen in Transportbehältern auf die Ergebnisse der Gamma-Schnellanalyse (*L. N. Posik, I. M. Chaikowitsch*);
Der Spaltquerschnitt von ^{235}U und ^{238}U für Neutronen mit einer Energie von 14,7 MeV (*I. D. Alchasow* u. a.);
Eine experimentelle Basis zur Modellierung von bei kosmischen Flügen einwirkenden Strahlungen (*J. I. Worobjow* u. a.);
Die Strahlendosis der Bevölkerung der Sowjetunion durch die kosmische Strahlung (*R. A. Filow, E. M. Krisjuk*).

UdSSR. Neue Publikationen des Verlags Atomisdat:
Gassorptions-Radiosisotopendefektoskopie (*S. W. Rumjanzew, W. A. Dobromyslow*);
Plasmachemie — Ausgabe 6 (unter der Redaktion von *W. M. Smirnow*);
Neutronen und Festkörper — Teil 1: Struktur-Neutronographie (*J. S. Nosik* u. a.);
Radiographie von Mineralien, Gesteinen und Erzen (*G. N. Flerow, N. G. Bersina*);
Hydrometallurgische Aufbereitung von Uran-Roherzen (*J. W. Smirnow* u. a.);
Isotopenuntersuchungen zur heterogenen Katalyse (*A. Odsaki*);
Angewandte Kernspektroskopie — 9. Ausgabe;
Radioaktive Stoffe und Wunden — Metabolismus und Dekorporation (*L. A. Ilin, A. T. Iwannikow*);
Die biologische Wirkung von radioaktivem Natrium (*S. R. Perepelkin*).

Japan. In der Wiederaufarbeitungsanlage für bestrahlte Kernbrennstoffe von Tokai Mura wurde im November 1979 der Versuchsbetrieb wieder aufgenommen, nachdem die Anlage wenige Monate nach dem Anfahren, das im September 1977 erfolgte, auf Grund einer Leckage stillgelegt werden mußte. Die Wiederaufarbeitungsanlage war in achtjähriger Bauzeit von der japanischen Power Reactor and Nuclear Fuel Development Corp. (PFC) in Zusammenarbeit mit der Saint-Gobain Techniques Nouvelles (Frankreich) errichtet worden.

BRD. Die Gesellschaft für Schwerionenforschung mbH (GSI) beging am 17. 12. 79 den 10. Jahrestag ihres Bestehens. Das Hauptarbeitsgebiet der GSI ist die Grundlagenforschung zu Problemen der Kern- und Atomphysik mit schweren Ionen. Ihr wichtigstes Forschungsinstrument ist der Schwerionenbeschleuniger UNILAC (Universeller Linear-Accelerator), mit dem auf einer 120 m langen Beschleunigungsstrecke Ionen auf eine Endenergie bis 10 MeV/Nukleon beschleunigt werden können. Für Uranionen bedeutet dies eine Endenergie von rund 2500 MeV.

Der UNILAC, der sich seit 4 Jahren in Betrieb befindet, ist derzeit der einzige Schwerionenbeschleuniger in der Welt, mit dem allerschwerste Atomkerne aufeinandergeschossen und zur Reaktion gebracht werden können. Interessante Forschungsergebnisse wurden bisher auf folgenden Gebieten erzielt: Studien zur Herstellung neuer Isotope und Elemente, Kernspaltung, Erzeugung extrem hoch angeregter Kerne, Physik der Elektronenhülle in sehr starken elektromagnetischen Feldern.

USA. Vom Department of Energy (DOE) wurde ein Plan für ein Programm zur Untersuchung der Einlagerung radioaktiver Rückstände in Basaltformationen bekanntgegeben. Die Arbeiten sollen am Standort der DOE-Anlage Hanford durchgeführt werden. Es soll geprüft werden, ob sich die tief unter dem Standort der Hanford-Anlage befindlichen Basaltflöze als Endlagerstätte für hochaktive Rückstände eignen.

Buchbesprechungen

Strahlungseffekte in Festkörpern

Hrsg.: Institut für Physik der Akademie der Wissenschaften der Ukrainischen SSR. Kiew: Izd.-Wo „Naukowa Dumka" 1977. 180 S., zahlr. Abb. u. Tab. (in Russisch); Rbl. 1,70.; M 8,50

In 4 Übersichtsartikeln und 11 Originalarbeiten werden Resultate theoretischer und experimenteller Arbeiten auf dem Gebiet der Physik der Strahlenschädigung in Festkörpern dargelegt. Insbesondere werden behandelt der Einfluß von Kernstrahlung auf die physikalischen Eigenschaften von Halbleitern, Metallen und nichtmetallischen Kristallen.

In den Übersichtsbeiträgen werden, neben einer Zusammenstellung von noch zu lösenden Problemen bei der Bestrahlung nichtmetallischer und metallischer Kristalle, die Resultate von Arbeiten über Strahlendefekte in diamantähnlichen Halbleitern, der Einfluß der Strahlung auf die Eigenschaften von künstlichem Diamant und der Einfluß von Seltenerdmetallen auf die Anhäufung von Strahlendefekten in Halbleitern behandelt.

Die Originalarbeiten befassen sich mit einer Reihe interessanter und neuer Ergebnisse theoretischer und experimenteller Forschungen. Hierzu gehören theoretische Arbeiten über die Behandlung kinetischer Effekte in Halbleitern mit gestörter Struktur und über den Einfluß äußerer Störfelder auf die Streuung langsamer Neutronen in Kristallen.

Die experimentellen Arbeiten enthalten u. a. neue Ergebnisse über strukturelle Veränderungen in spaltbaren Materialien, Ergebnisse zum Einfluß geladener Teilchen auf die Bildung neuer struktureller Zustände in Alkalihalogenidkristallen und neue Resultate zur Tieftemperatur-Gamma- und Neutronenbestrahlung des Siliziums.

Der Sammelband ist von Interesse für wissenschaftliche und ingenieurtechnische Mitarbeiter, die auf den Gebieten der Strahlenwirkung auf Festkörper bzw. in der Halbleiterphysik tätig sind. *L. Wuckel*

Topics in Automatic Chemical Analysis 1

J. K. Foreman, P. B. Stockwell (ed.), Ellis Horwood Ltd., Chichester; and distributed by John Wiley and Sons, New York, Chichester, Brisbane, Toronto, 1979. 314 S., 109 Abb., 18 Tab., $ 44,20; £ 19,50

Bei der Automatisierung chemischer Analysenverfahren ist zugrunde zu legen, daß jede Analysenmethode aus bestimmten Teilschritten besteht, von denen sich gewöhnlich nicht alle automatisch gestalten lassen. Gegenstand des vorliegenden Buches ist es, ausgehend von den allen Methoden gemeinsamen Teilschritten Probennahme, spezifische Probenvorbehandlung, Messung der Probe einschließlich der erforderlichen Standardisierung und Kalibrierung, Kontrolle der Zuverlässigkeit der verwendeten Meßgeräte, Berechnung des Meßergebnisses, Datenspeicherung sowie Auswertung bzw. Signalgebung für eine Prozeßführung, den erreichten Entwicklungsstand der Automatisierungstechnik problemorientiert darzustellen. So werden einmal Fließstrecken für die chemische Analyse in medizinischen und lebensmittelchemischen Labors vorgestellt, wo die Probennahme zumeist manuell erfolgt und die Meßergebnisse nur ideell ausgewertet werden. Weiterhin sind automatische Analysenkomplexe zur Bestimmung der Umsatzrate chemischer Prozesse beschrieben, wo der Automatisierungsgrad von der Probennahme bis zur Steuerfunktion des Analysators reicht. Als Analysenmethoden für derartige Systeme werden die verschiedenen spektroskopischen, elektrochemischen und chromatographischen Verfahren als besonders geeignet hervorgehoben.

Sehr wertvoll ist die Beschreibung apparativer Details für einzelne Teilschritte sowie die Bewertung der Leistungsfähigkeit bestimmter Meßmethoden unter automatisierten Bedingungen. Dadurch wird das Buch für einen breiten Kreis analytisch tätiger Chemiker, Physiker und Verfahrenstechniker besonders empfehlenswert. *G. Reinhard*

Gamma-Ray Surveys in Uranium Exploration

IAEA, Vienna 1979 (Technical Reports Series, No. 186; STI/DOC/10/186). 90 S., 8 Abb., 28 Tab.; kart. US $ 10,–

Bei der Suche und Erkundung von radioaktiven Erzen spielen Messungen der Gammastrahlung die wichtigste Rolle. Sie werden schon seit Jahrzehnten angewandt und haben — dank den großen Fortschritten der physikalischen Meßtechnik und der Elektronik — einen hohen Stand erreicht. In der Literatur gibt es viele Veröffentlichungen, in denen die Gamma-Aufnahme in ihren verschiedenen Ausführungsformen geschildert und die Möglichkeiten und Grenzen ihrer Anwendung untersucht werden. Es fehlt aber — abgesehen von Arbeiten in russischer Sprache — an Darstellungen, in denen die weltweit gesammelten Erfahrungen sachkundig, übersichtlich und mit der nötigen Kritik zusammengefaßt werden. Diesem Mangel wirkt die IAEA mit der vorliegenden Broschüre entgegen.

Nach einer kurzen Einführung (4 S.) werden behandelt: Geologie der radioaktiven Elemente (13 S.), Grundlagen der Gamma-Messungen (31 S)., Planung von Gamma-Aufnahmen (6 S)., Gamma-Aufnahmen vom Flugzeug aus (13 S.), Gamma-Aufnahme an der Erdorberfläche (18 S.), Hinweise für die Deutung von Gamma-Aufnahmen (2 S.), Bibliographie (40 Zitate).

Fachleute der geophysikalischen und geologischen Erkundung finden in der Veröffentlichung eine ausgezeichnete aufschlußreiche Übersicht, für deren Erscheinen sie dankbar sein werden. *K. H. Köhler*

Evaluation of Uranium Resources

Proceedings Advisory Group Meeting, Rome, 1976

IAEA, Vienna 1979. (Panel Proceedings Series; STI/PUB/507). 344 S., div. Abb. u. Tab.; kart. US $ 37,00

Um den steigenden Bedarf an Kernbrennstoffen in der Zukunft zu decken, muß die geologische Forschung aus den bisher gesammelten Erfahrungen neue Einsichten ableiten

und neue Methoden der Erkundung entwickeln. Eine wichtige Aufgabe ist dabei die Vervollkommnung der Methoden zur Bewertung von prognostischen und erkundeten Vorräten. Die IAEA will den Entwicklungsländern, in denen die Suche und Erkundung von Uranlagerstätten besonders stark zunehmen wird, durch die Vermittlung von Informationen über bewährte Methoden der Vorratsbewertung helfen. Eine Gruppe von Fachleuten hat deshalb 1976 in Rom über das genannte Problem beraten.

Jetzt liegen die Vorträge, Diskussionen und Arbeitsberichte dieser Beratung in bekannt guter Gestaltung vor. Auf eine Einführung (3 Vorträge, 39 S.) folgen: Bewertung von erkundeten Uranvorräten (7 V., 168 S.), Bewertung von prognostischen Uranvorräten (4 V., 71 S.), Verfügbarkeit von Vorräten (3 V., 47 S.). Einige Worte sollen den Inhalt andeuten: Schätzungen des Uranbedarfs bis zum Jahre 2000; Klassifizierung von Vorräten und Terminologie; Auswertung von Gamma-Bohrlochmessungen; Anwendungen der EDV zur Vorratsbewertung; Vergleiche von Berechnung und tatsächlicher Gewinnung; Optimierung des Untersuchungsnetzes; Uran als Nebenprodukt des Goldbergbaus; Methoden der Prognose; regionale Programme; langfristige Planung der Suche und Erkundung.

Fachleute der Erkundung und des Bergbaus werden die gebotenen Übersichten mit Interesse lesen. *K. H. Köhler*

Isotopes in Lake Studies

Proceedings of an Advisory Group Meeting, 29. 8.–2. 9. 1977 Vienna

IAEA, Vienna 1979, 290 S., div. Abb. u. Tab.; ÖS. 420,–

An einer Expertenberatung über die Anwendung von Isotopenmethoden bei Untersuchungen zur Binnenseedynamik, die von der IAEA organisiert und vom 29. 8. bis 2. 9. 1977 in Wien abgehalten wurde, haben 24 Wissenschaftler teilgenommen, die 12 Länder und 3 internationale Organisationen vertraten. Es wurden 27 Vorträge gehalten, die jetzt in Buchform vorliegen — teilweise als erweiterte Zusammenfassungen. Der überwiegende Teil der Vorträge ist der Seendynamik, also der Massenbilanz zwischen Zulauf, Ablauf, Verdunstung und Versickerung eines Sees gewidmet. Der Kenntniszuwachs, der bei der Erweiterung der Massenbilanzgleichungen durch Isotopenbilanzgleichungen erreicht werden kann, wurde in den vorgelegten Untersuchungen überzeugend nachgewiesen und an unterschiedlichen Seentypen (Salzseen, Stauseen, Seen in ariden und semi-ariden Klimazonen u. a.) deutlich gemacht. Einige Vorträge betreffen den Gasaustausch zwischen Seeoberfläche und darüberliegender Atmosphäre, wobei $^{14}CO_2$ und ^{222}Rn zur Anwendung kamen. Der dritte und nicht weniger bedeutsame Aspekt behandelt die Sedimente der Binnenseen, ebenfalls unter Anwendung natürlicher Tracer (^{210}Pb) oder unter Anwendung von Fall-out-Produkten (^{32}P, ^{90}Sr, ^{137}Cs).

Das Buch wendet sich dem Titel nach an Limnologen, die Wasserhaushaltsfragen und Charakterisierungen des Seenzustandes zu bearbeiten haben. Zum anderen können aus vielen Beiträgen Erweiterungen der Ergebnisse auf allgemeine Fragen des natürlichen Wasserkreislaufs abgeleitet werden, so daß Hydrologen und Hydrogeologen in gleicher Weise wertvolle Hinweise erhalten. Die Aktualität des Themas und der dargestellte Stand bei der Interpretation der Ergebnisse ist sehr hoch; die aufgeworfenen Fragen werden ohne Ausformung der Probleme mit gleichbleibender Gründlichkeit abgehandelt. Ein wertvolles Buch für den Isotopenhydrologen und Isotopenhydrogeologen. *H. Hübner*

to the foundation of compartment theory, was doubted by Fleck (1972); his argumentation was enlarged by Norwich (1977). Another investigation of the example given by Fleck led to the result that in stationary state of the system linear rate equations are valid for tracers without limitation by tracer concentration. A possible experimental background is the investigation of chemical reactions in open biological systems. It even renders possible the use of stable isotopes.

V. Yedinakova, Y. Sladkovska

Determination of Microquantities of Silver in Platinum to the Isotope Dilution Method (*in Russian*)

Isotopenpraxis **16** (1980) No. 6, p. 200 to 202
1 Fig., 4 Tab., 5 Ref.

A method is described rendering possible the determination of microquantities of silver in platinum. It is based on the isotope dilution technique performed by means of substoichiometric extraction of dithizonates with the aid of carbontetrachloride. As far as silver determination is concerned, the said technique is not affected even by zinc or gold quantities exceeding the silver content by one order of magnitude, nor do great excess quantities of platinum. In the presence of copper the addition of complexon is necessary for masking purposes.

V. M. Petriyev, V. I. Stepchenkov

A Method of Producing Labelled Albumin Microspheres through Neutron Activation (*in Russian*)

Isotopenpraxis **16** (1980) No. 6, p. 202 to 203
– Fig., – Tab., 10 Ref.

A basically new method of producing labelled albumin microspheres has been created. It consists in introducing stable elements into the microspheres, which are subject to neutron activation. Neutron irradiation of the microspheres, which contain elements subject to activation, yields particles with high specific activity (up to 5000 mCi/g for ^{152m}Eu microspheres), surpassing the specific activity of microspheres achieved by means of previous methods by one order of magnitude. Any element subject to neutron activation may be utilized for labelling microspheres to the said method. The latter not only enlarges the number of isotopes to label microspheres with, but it rather simplifies the technology of producing labelled preparations, and reduces the radiation dose of the manufacturing staff.

P. Czeglédi, V. Cieleszki, A. Andrási, P. Zombori

Radioactivity Level of Different Cinnamon Samples (*in English*)

Isotopenpraxis **16** (1980) No. 6, p. 204 to 206
3 Fig., 1 Tab., 2 Ref.

Natural and artificial radioactivity concentrations were determined for cinnamon grown in different countries. Cinnamon samples from China, Sri Lanka and Indonesia were examined to determine their ^{40}K, ^{90}Sr, ^{137}Cs, ^{226}Ra and ^{232}Th content. The Chinese sample contained an extremely high quantity of ^{90}Sr and its ^{137}Cs content was also considerably higher than the other samples.

U. Proesch, L. Kolditz

The Radiation-Induced Dehalogenation of $C_2F_3Cl_3$ in Methanol

Isotopenpraxis **16** (1980) No. 6, p. 206 to 208
2 Fig., 1 Tab., 5 Ref.

The formation of hydrogen fluoride and hydrogen chloride under ^{60}Co irradiation of s-Trifluorotrichloroethyane in methanol was investigated. It appears that these products are formed in chain reactions. The abstraction of chlorine from the fluorochlorocarbon is strongly preferred to an abstraction of fluorine so that large differences in the yields of the hydrogen halides result.

Meetings

Isotopenpraxis **16** (1980) No. 6, p. 208

Данное высказывание, которое относится к обоснованию теории компартмента, было поставлено под сомнение Флеком (1972 г.). Его аргументация была расширена Норвихом (1977 г.). Повторное исследование приведенного Флеком примера привело к тому результату, что в стационарном состоянии системы линейные уравнения скорости строго действительны для индикаторов без ограничений, обоснованных концентрацией индикаторов. Для этого возможная экспериментальная основа — исследование химических реакций в открытых биологических системах, причем возможно даже применение стабильных изотопов.

В. Единакова, И. Сладковска

Определение микроколичеств серебра в платине методом изотопного разбавления (*на русск. языке*)

Isotopenpraxis **16** (1980) вып. 6, стр. 200 до 202
1 рис., 4 табл., 5 лит.

В работе приводится способ определения микроколичеств серебра в платине методом изотопного разбавления при помощи субстехиометрической экстракции дитизонатов четыреххлористым углеродом. При определении серебра указанным способом не мешают цинк ни золото в количествах на один порядок выше по сравнению с содержанием серебра, ни платина даже в большем избытке. В присутствии меди необходимо добавлять комплексон в качестве маскирующего вещества.

В. М. Петриев, В. И. Степченков

Нейтронно-активационный способ получения меченых микросфер альбумина (*на русск. языке*)

Isotopenpraxis **16** (1980) вып. 6, стр. 202 до 203
– рис., – табл., 10 лит.

Разработан принципиально новый способ получения меченых микросфер альбумина. Сущность способа состоит во введении в микросферы стабильных элементов, способных активироваться нейтронами. При облучении микросфер, содержащих активируемые элементы, нейтронами получаются частицы с высокой удельной активностью (до 5000 *мКи/г* для ^{152m}Eu-микросфер), превышающую на порядок удельную активность микросфер, получаемых известными способами. Для метки микросфер разработанным способом может быть использован любой элемент, способный активироваться нейтронами. Новый способ не только расширяет перечень изотопов, которыми могут быть помечены микросферы, но и упрощает технологию получения меченого препарата и снижает уровень облучения персонала, занятого его приготовлением.

П. Цегледи, В. Циелески, А. Андраши, П. Зомбори

Уровень радиоактивности различных образцов кориц (*на англ. языке*)

Isotopenpraxis **16** (1980) вып. 6, стр. 204 до 206
3 рис., 1 табл., 2 лит.

Были определены радиоактивные концентрации кориц естественного и искусственного происхождения, разведенных в различных странах. Было определено также содержание ^{40}K, Sr^{90}, ^{137}Cs, ^{226}Ra и ^{232}Th исследованных образцов кориц, разведенных в Китае, Шри Ланке и Индонезии. Китайский образец содержал ^{90}Sr в особенно большом количестве и содержание ^{137}Cs этого образца было также значительно выше чем у других.

У. Пресь, Л. Кольдитц

Радиохимическое отделение галогенов от $C_2F_3Cl_3$ в метаноле

Isotopenpraxis **16** (1980) вып. 6, стр. 206 до 208
2 рис., 1 табл., 5 лит.

Докладывается об образовании фтористого водорода и хлористого водорода в связи с облучением в метаноле s-трифтортрихлорэтана. Образование галогенводородов происходит в виде цепной реакции, с преимущественным отщеплением хлора из фторхлорпроизводных углеводорода по отношению к отщеплению фтора, вследствие чего выявляется существенная разница в выходе различных галогенводородов.

Совещания

Isotopenpraxis **16** (1980) вып. 6, стр. 208

Information

Isotopenpraxis **16** (1980) No. 6, p. 209 to 210

New Books

Isotopenpraxis **16** (1980) No. 6, p. 211 to 212

Новости

Isotopenpraxis **16** (1980) вып. 6, стр. 209 до 210

Новая литература

Isotopenpraxis **16** (1980) вып. 6, стр. 211 до 212

(Fortsetzung des Inhaltsverzeichnisses)

Es wird über die Bildung von Fluorwasserstoff und Chlorwasserstoff bei der Bestrahlung von s-Trifluortrichloräthan in Methanol berichtet. Die Halogenwasserstoffbildung stellt sich als Kettenreaktion dar, wobei die Abspaltung von Chlor aus dem Fluorchlorkohlenwasserstoff gegenüber der Fluorabspaltung stark begünstigt ist und demgemäß bedeutende Unterschiede der Halogenwasserstoffausbeuten gefunden werden.

Tagungsberichte

Isotopenpraxis **16** (1980) H. 6, S. 208

Informationen

Isotopenpraxis **16** (1980) H. 6, S. 209 bis 210

Buchbesprechungen

Isotopenpraxis **16** (1980) H. 6, S. 211 bis 212

Contents of this Issue

Articles

M. Gaber, P. Jugelt: Calculation of the Depth Distribution of Primary Ionizations in Thick Pure Element Targets Bombarded with Electrons on the Energy Range below 30 keV 185

S. Becker, H.-J. Dietze: Investigations on Thermal Surface Ionization of Elements Difficult to Ionize 190

M. Knothe: Investigations into the Behaviour of the Platinum-Group Metals to Solid and Liquid Cationites by the Radiotracer Method 194

E. Winkler: Tracer Kinetics — On the Validity of First-Order Rate Equations (*in English*) 198

V. Yedinakova, Y. Sladkovska: Determination of Microquantities of Silver in Platinum to the Isotope Dilution Method (*in Russian*) 200

V. M. Petriyev, V. I. Stepchenkov: A Method of Producing Labelled Albumin Microspheres through Neutron Activation (*in Russian*) 202

P. Czegléi, V. Cieleszky, A. Andrási, P. Zombori: Radioactivity Level of Different Cinnamon Samples (*in English*) 204

U. Proesch, L. Kolditz: The Radiation-Induced Dehalogenation of $C_2F_3Cl_3$ in Methanol 206

Meetings 208

Information 209

New Books 211

MIX
Papier | Fördert gute Waldnutzung
FSC® C083411

Zeitfracht Medien GmbH
Ferdinand-Jühlke-Straße 7
99095 Erfurt, Deutschland
produktsicherheit@kolibri360.de